U0023166

GOURMET

天窗出版

黃詩詩 著

酒勻世界 今晚Chill

序言

目錄

第一章

喝酒是一種生活品味

第二章

了解葡萄酒——舊世界

序言

Engaging Guide for Sipping around the World

Debra Meiburg MW
Master of Wine

Hong Kong is unique in that our wine connoisseurship is largely focused on the most renowned and luxurious wines in the world. But, wine is much more than luxury. Wine is an experience, an opportunity to travel through these special bottles. Savouring the plush richness of the wine in your glass, you can sense the warmth of Australia's McLaren Vale or California's Napa Valley. With the crisp, bracing nature of an Austrian Gruner Veltliner, you can taste the ancient slate soils of Austria. And by trying the extraordinary amber wines of Georgia, one can understand the origins of wine, having been produced in this land for more than 8,000 vintages.

Starting your exploration of the large and immensely diverse world of wine is best done with knowledgeable yet fun guide. Someone who'll spark your interest and identify the highlights without overwhelming you with jargon. An engaging guide, whose expertise and knowledge serve to increase your thirst for many more wonderful wine experiences. *Sip Around the World* offers just that. Nothing can be simpler than to plunge into Ceci's innumerable taped explorations, interviews and experiences, while flipping the pages of this companion guide.

It's no surprise that Ceci was awarded Communicator of the Year by the Hong Kong International Wine & Spirit Competition (HKIWSC). She emanates energy and verve in everything she does to ensure we all fall in love with her favourite beverages.

Ceci doesn't limit these special experiences to wine, however. She delves deeply into the world of sake, providing guidance as to how to make sake selections and tips regarding exemplary taste experiences through unexpected pairings.

Our dining experiences are expanded further by the vast world of spirits, whether exploring the traditional collectable categories of whiskies and cognacs or avant-guard, craft renditions of classics, such as tequila and gin. Now is truly a dynamic and exciting time to be discovering the world of beverages, and Ceci is the perfect guide.

At its core, *Sip Around the World* is a celebration of human connection to wine, sake and spirits – the stories, traditions, and passions that transport us out of the glass and into the vineyards, breweries and distilleries of the world. Ceci's eloquence and genuine enthusiasm for the diverse world of beverages make this book not only an invaluable guide but also a joy to read. Whether you are just beginning your wine, spirits or sake journey or have been savouring their pleasures for years, this book will undoubtedly deepen your appreciation and enhance your enjoyment of the world's most beloved beverages – and surely open your eyes (and palate!) to something new.

Pour yourself a glass, open this book and take yourself on a fascinating journey of the senses!

帶你酒勾世界的嚮導 (中譯本)

Debra Meiburg MW
葡萄酒大師

在我們的品酒鑑賞中，香港很多資深葡萄酒飲家特別重視世上最著名和昂貴的葡萄酒。但是，葡萄酒不僅僅是珍品，亦是一種體驗，一次通過這些特色瓶子到處遊歷的機會。細味杯中豐盛的葡萄酒，你可以感覺到澳洲麥克拉倫谷（McLaren Vale）或加州納帕谷（Napa Valley）的溫暖；品嚐奧地利格魯納維爾特林（Gruner Veltliner）的清爽，你可以了解奧地利古老的板岩土壤。嚐一杯格魯吉亞的琥珀色葡萄酒，你可以了解葡萄酒的起源，因為那片土地已有超過 8000 年的釀酒歷史。

想探索美酒這個多樣化的世界，最好通過一位知識豐富且饒有趣味的嚮導來開始。這樣的嚮導不僅能激發你的求知欲，還能為你指出重點，令你不致淹沒於專有名詞中。一位引人入勝的嚮導，其專業知識和豐富經驗將牽引你對美好品酒體驗的渴望。《酒勾世界今晚 Chill》正正引發這樣的體驗。翻閱這本書，跟隨 Ceci（詩詩）的品酒探索和經驗，就可輕鬆遊遍美酒世界。

在香港國際美酒品評大賽（HKIWSC）中，Ceci獲得的年度傳訊人大獎，的確實至名歸。她表現出無窮的活力和熱情，確保我們都愛上她最愛的美酒。Ceci的分享不僅限於葡萄酒，她亦跳進清酒的世界，分享不同清酒推介，並通過意想不到的食物搭配，提供獨特的品味體驗。在此書中，Ceci更傲遊於烈酒的廣闊世界，進一步擴大我們的餐飲體驗，無論是威士忌、干邑等傳統收藏類別，還是潮流酒類如龍舌蘭酒、氈酒等精品化的美酒。現今的品酒世界，充滿動感、令人興奮，而Ceci是當中完美的嚮導。

本書的主題，是帶出葡萄酒、清酒和烈酒如何與人感性聯繫，讓我們跳出杯子，走進世界各地的葡萄園和釀酒人，分享其故事，感受其執著及深情。Ceci對各種美酒的真誠及熱情，使此書不僅成為一本難得的品酒指南，還讓人讀得愉快。無論你是剛剛開始葡萄酒、烈酒或清酒之旅，還是品酒多年的美酒愛好者，這本書將加深你對酒的欣賞，提高你對世上非凡美酒的享受，亦肯定會為你帶來新視野及新口味。

倒一杯美酒，打開這本書，帶自己進入品味感官的迷人之旅！

勇敢追夢 普及品酒知識

麥華章

《香港經濟日報》、《晴報》及《U Magazine》前社長，
現為美食專欄作家及酒評人

喜聞黃詩詩（Cecilia）第一本書《酒勻世界今晚 Chill》即將面世，邀我為
此書寫序，我向來深被這位「酒友」的豐富酒知識所折服，當然義不容
辭執筆向大家推薦了。

與 Cecilia 結下「酒友」之緣，始於她任職酒店傳訊總監之時，有三數趟，
該酒店在她穿針引線之下，舉辦美酒配佳餚推廣晚宴，我有幸躬逢其會；
其後，我與 Cecilia 亦多次在不同的葡萄酒比賽中同場擔任評判，而她亦
是我所舉辦「Mak Sir Gourmet Club」飯局的常客。在所有場合中，我與
Cecilia 有很多機會交流品酒心得，從而知道她對酒的知識涉獵甚廣，不
單熟悉葡萄酒，對氣泡酒（尤其是香檳）及威士忌亦掌握箇中學問。

所以，早於 2017 年，我還是《香港經濟日報》及《晴報》社長時，我已慧眼識英雄，邀請 Cecilia 為《晴報》撰寫酒經專欄《詩詩酒樂園》，因我欣賞她對酒有深度的認識，和她那帶感性的女性觸覺，往往能通過顯淺而風趣的語言，引人入勝的典故，以深入淺出的角度，介紹不同酒類特色及品酒體驗，故該專欄一直深受讀者喜愛。

我也很欣賞 Cecilia 的毅力，為追求自己的夢想，不惜放棄高薪厚職，全情投入成為酒評家，為在香港普及品酒的知識作出貢獻。在這期間，她成功在電視主持品酒節目《有酒今晚吹》，作為酒評人及美食專欄作家的我，也是她節目的粉絲。該節目的落幕，令人感到有些失落與可惜，現難得她傾力出版處女作《酒与世界今晚 Chill》，我深信，以她淵博的酒知識，擅長演繹酒故事及品酒體驗的功力，定能帶同大家一起遊走世界不同酒類，領略品酒及配搭不同美食的繽紛樂趣。

一起「酒」過的日子

黃真真

香港著名電影導演、作者姐姐

小時候，詩詩和我都在爸爸的鼓勵下喝下了人生的第一口 X.O.，當然是加了汽水一起喝的那種。爸爸就是要通過喝酒鍛鍊我們勇於嘗試，並認為女生都可以與男生看齊。然後每逢過時過節，我們都特別期待和爸爸一起喝（那麼一點點）酒。童年的我們感覺特別酷！

到了少女時代，趁爸媽不在家，詩詩和我更進化到帶同學、朋友回家，一起偷喝家中酒吧酒櫃上的各類酒精，但每瓶只會喝一點點，看上去好像沒有喝過，瞞天過海，很刺激！

成年後，當我在紐約進修電影後回流香港之時，恰巧也是詩詩從加拿大碩士畢業回港，我們便展開了一起夜蒲蘭桂坊、SOHO 和諾士佛台的日子，當中少不了無數個唱 K 喝「威梳」或「綠威」喝到斷片的晚上……這一切，都是我們一起「酒」過的青蔥腳印。

然後有一天，我在雜誌上看到一個葡萄酒的課程，詩詩表示有興趣參加，就這樣，竟展開了她的一條從興趣演變成專業的道路，更成為她的 passion！

到了今天，當我和詩詩一起喝酒的時候，感覺已昇華到像和一個魔術師喝酒一樣。她會在我耳邊輕輕的說：「嚐到嗎？它帶有礦物、白桃味，還有檸檬、柑橘、蜜糖⋯⋯」那刻我的味蕾好像被她一一喚醒。「然後還有烤烘、牛油麵包、烤果仁的味道⋯⋯」是的，每一啖酒經過她的細膩分析及用心品嚐都變得別有洞天。

相信我，只要你看過這本書，又或是一邊看書一邊品嚐詩詩在書中介紹的酒，你必然會同意，你將會有不一樣的品酒體驗，而每一啖酒，也將會成為你獨一無二的體驗。

詩與酒 為節目增添色彩

楊任豪

VIU TV《有酒今晚吹》節目監製

把酒言歡、好友聚首的情景,打從自己入行以來就從無間斷,只是酒量越來越淺,喝得越來越慢。當然,慢有慢的好,淺嘗有淺嘗的細緻。而愛上這種無拘無束的氣氛,可能就是因為年輕時看過一個經典電視節目《今夜不設防》。那時候邊看邊想,原來幾杯下肚,氣氛就可以如此澎湃,真的是「有嗰句就講嗰句」,相信主持、嘉賓及觀眾都能盡興。

多年後,自己剛好要轉換一下「晚吹」這清談節目的題材,跟同事們把這事談得雀躍之際,自己又貪心,覺得「齋」飲可能未夠豐富,應該可以加些美酒的來歷和故事,再配上恰當的食物。美酒佳餚攻勢下,嘉賓們必定會更投入、更盡情地和主持人談天說地,更有機會聽到一些鮮為人知的有趣故事。

但要把酒介紹得好、介紹得精準，還要 food pairing，實在讓我頭痛，能有這樣的大師，又願意上鏡和我們主持人每兩星期錄影一次嗎？！太深奧又難明，太淺白又「冇料到」！機緣巧合下，我約見了詩詩，第一印象：太年輕了吧！會對酒有多深的認識呢？她不只是小時候上台唱歌那小朋友嗎？當然，後來就成為了大家在《有酒今晚吹》見到的主持人之一。兩年多的節目中，詩詩為大家介紹過多不勝數的美酒之餘，當中的資訊及美食配搭之出色，絕對是這節目其中一大亮點。

看著這本書的讀者們，相信也跟我一樣興奮，絕對可以在把酒言歡中增添更多色彩。

將「專業品酒師」帶回家

練美娟

VIU TV《有酒今晚吹》節目主持及藝人

認識詩詩是透過電視節目《有酒今晚吹》。

記得還未正式開拍前，我們三位主持先約到酒吧互相了解，那時候覺得：「這位女士很 decent。」詩詩說話淡定，舉止優雅，和我的性格大相逕庭，開頭還擔心會相處不來。然而經過兩年多的合作拍檔，我覺得我們的角色關係就好像酒食搭配般「互補」。

想不到節目一做就百多集，得到大家喜愛之餘，也意外地令我對品酒感到興趣。

疫情那兩、三年，限聚令下，大家把假日外出的消遣活動搬回家中，以前和朋友在酒吧喝的是氣氛，而疫情留在家喝酒，開始講究味道。

有時候我會請教詩詩，甚麼種類的酒適合招呼哪些朋友、參加哪種派對。她的心水介紹永遠不會令我失望。

從前我不知道酒杯的形狀、大小、質地會影響酒的味道和口感，亦不曉得紅酒白酒不一定要配搭紅肉或海鮮，不同的飲食組合會產生意想不到的口味效果。這種千變萬化的食物配搭，自己去大膽嘗試當然可以，但如果有一個專業品酒師，用她多年來的實戰經驗，給予我寶貴意見，就可以避免美酒浪費在不合適的佳餚上了。

我打算拿着這本精選指南，把清單上的酒類跟食物全部都買回家，眼睛看着文字導航，舌頭跟着感受味蕾，然後創造屬於我和它們的故事，一起《酒与世界今晚 CHILL》。

喜歡飲酒的你，絕不能錯過這本私心推介。

自序

揀酒今晚吹　　　黃詩詩

我很幸運，在一個喜歡美酒佳餚的家庭長大。有一個懂酒懂美食的爸爸，為我打開通往世界各地美酒、美食的大門，手把手地教導我，鼓勵我大膽去學、去品嚐。還有一個開明、給我最好一切的媽媽，她不喝酒，但我和我的家姐們卻都是在酒香薰陶下成長的。

很多人問我幾歲開始喝酒，說出來很嚇人，我的「第一啖酒」是4歲！（不要學我呀！）我當然已忘記喝第一啖酒是幾歲，是後來父母說的。這個特別的訓練是從威士忌及干邑開始的。最初爸爸會在我的雪碧汽水中放幾滴烈酒，然後問我好喝嗎？我當然二話不說：「好飲！」哪有小朋友不愛喝汽水呢？說來好笑，因為那幾滴威士忌或干邑，幾歲的我竟然從汽水中喝出香味來，覺得這「汽水」香得不得了！

自此之後，跟著爸爸品嚐不同類別的美酒，烈酒以外，還有日本清酒、葡萄酒等，成為最鮮明的童年回憶。直到後來加拿大讀書時，才正式展開自己的「酒世界」旅程。最先吸引我注意的是葡萄酒，想更深入了解何謂舊世界、何謂新世界。於是開始鑽研酒書、找酒、試酒，儲下了一些難得的體驗。畢業回港後，家姐黃真真導演鼓勵我去讀葡萄酒及烈酒課程，所以能成就今日的我，家姐也是其中一個關鍵人物，我很感謝她。

得到業界的專業認同後，我在「酒世界」中越走越遠，開始在雜誌及網上媒體寫酒評，繼而寫報紙專欄和專題，及不時為媒體撰寫專題等。除此之外，我開設了社交媒體平台「詩詩酒樂園」，包括 Facebook、Instagram、及 YouTube Channel 等，分享不同的品酒體驗。

作為酒評人，最開心莫過於到世界各地出席大型品酒會，以及遊歷各大著名酒莊。美酒、美食、美景以外，還有酒莊歷史、釀酒師的故事、小村莊的人情味，令人沉醉其中，亦大開眼界。喝酒，喝的從來不只是酒。後來，我開始為比賽擔任葡萄酒及烈酒評審，例如 HK International Wine & Spirits Competition 及 Wine Luxe International Awards 及香港酒業總商會的比賽等。另外，亦獲不同酒類品牌或其他商業機構邀請做嘉賓講者。

2020年，電視台找我，問我有沒有興趣做一個關於酒的節目。我當然「say yes」，愛酒如我，真的很喜歡分享葡萄酒及烈酒，以及配搭的美食，與眾同樂。於是，《有酒今晚吹》便誕生了！想不到是，節目一做便做了三年。在這三年間約140集中，每一集都有不同的酒類話題，與我的節目拍檔強尼和娟姐（練美娟）一起，還有每集的不同嘉賓，一邊喝酒，一邊品嚐美食，一邊談天說地。

今年一月，《有酒今晚吹》暫別電視觀眾，但卻也為我帶來新的機遇，就是出版《酒与世界今晚 Chill》一書。天窗出版社編輯看過電視節目後找到我，建議可出版一本分享品酒體驗的書，大家一拍即合。我撰寫專欄及專題多年，卻沒寫過書。這次正是一個好機會，結合我節目中介紹過的精選酒類及多年的品酒體驗，再配以美食推介，一齊「揀酒今晚吹」！飲酒是一件快樂的事，希望這書可帶給大家更多品酒樂趣。

最後，在此感謝我的家人，陪我一起喝酒的好朋友，在酒途上給予我機會寫酒評的媒體、電視節目團隊、天窗出版社，以及提攜過我的每一位。

Cheers!

前言

世上美酒何其多？喜歡飲酒的朋友，當然有自己的偏愛，但通常不會只喝一款酒。由葡萄酒、日本清酒，以至烈酒，由西方至東方酒類，還有近年興起的不同類別，多不勝數。愛酒的人甚麼酒都會想試試，就等同你不會每天只吃一款美食一樣，而會去嘗試不同的美食，西餐、日本菜、中菜等，有時會吃得貴一點，但平日也有自己的 comfort food。

酒固然可「淨飲」，但更多時候會配搭佳餚，在聚會、飲宴上，與親朋好友一起分享，又或者在家與家人輕鬆 chill 下，都能享受美酒佳餚的樂趣。在我的電視節目《有酒今晚吹》中，每集都會介紹不同酒類或酒區的特色及變化，以及配甚麼美食可昇華品酒體驗等。前後近 140 集的節目，「酒勻」世界各大酒區、酒莊，亦成為此書意念的來源。我希望這本書分享的不只是酒，而是能以酒會友，分享我品酒體驗及遊歷趣事，為美酒佳餚注入更多的人情味。

酒的種類、品牌太多，問題也特別多。倒數新年想開一瓶香檳？重要日子想開一瓶特別年份的紅酒？吃日本菜配甚麼清酒？（其實我覺得吃火鍋配日本清酒十分爽！）飲威士忌或其他烈酒可以配甚麼美食？在書中都會一一分享。

葡萄酒已成為世界主流之一，所以我會先分享心水的葡萄酒酒區或酒類，由舊世界到新世界的葡萄酒國家或酒區，以及近年時興的另類潮流葡萄酒類別，還有我的品酒或旅遊體驗。然後便是近年大行其道的日本清酒，香港市場發展越來越成熟，在居酒屋已可看到不同的日本清酒品牌，或去日本清酒酒吧亦可試到不同酒區的清酒。書中除了介紹我在電視節目中推介的部分精選日本清酒，還再挑選了一些特別類別的日本清酒。最後說到烈酒類別，作為威士忌大使的我，當然由最受追捧亦是我最愛的威士忌開始介紹，然後到時興的氈酒，以及近年熱門的其他烈酒，最後用干邑作總結。

希望喜歡飲酒的你，同我一起遊走世界不同酒類，也喜歡我的心水推介和美食配搭。酒逢知己千杯少，希望與你「酒勻世界今晚 Chill」。

酒勻世界今晚 Chill

第 一 章

喝酒是一種
生活品味

1.1 一書帶你「酒勻世界」

以酒會友，和朋友分享美酒，談天說地，十分高興。

如果你喜歡喝酒，一定會認同世上美酒真的何其多，由葡萄酒、日本清酒至烈酒等，由西方至東方酒類，還有近年興起的不同酒類，多不勝數。

喝酒是一種生活態度，像品咖啡或品茶一樣，在忙碌的生活當中，給自己一些享受，放鬆一下心情，從中了解酒的故事及藝術，是留給自己的時間（me time）。再者當然是以酒會友，和朋友分享美酒，談天說地。喝酒亦是社交的一部分。如果你對酒類有興趣或認識，那是一個跟新識的朋友

或工作夥伴打開話題的好契機。我覺得喜歡喝酒的人，好像大家也有些共同電波，會有「click」到的那一下子，跟著便開始熟絡了。

易學難精的葡萄酒

甚麼時候我開始愛上喝酒？最初是跟爸爸學喝葡萄酒的，無論紅、白酒、甜酒還是香檳。長大後，跟同學外出或去朋友家，也會「開支酒」，漸漸成為習慣。我和我家姐都是由爸爸「訓練」喝酒的，可能我對酒特別好奇，最後還考取了不同酒類的品酒資格，以及開始撰寫與酒相關專欄和專題，分享品酒體驗。

葡萄酒已成為主流，無論生日或節日慶祝，都會開支葡萄酒慶祝一下，而且酒精度和烈酒來比不是太高，比較容易接受。除夕倒數時可能會開

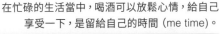

在忙碌的生活當中，喝酒可以放鬆心情，給自己享受一下，是留給自己的時間 (me time)。

支香檳，跟親友慶祝生日可能會開支陳年佳釀，各適其適。有時候，你帶了一瓶特別的葡萄酒和親友慶祝，那支酒可能成為「打卡」對象，大家對你亦會另眼相看，這除了代表你的個人喜好，同時亦代表你的品味。所以我在書中，首先想和大家分享的是葡萄酒，由舊世界到新世界，以至近年流行的橙酒及純素葡萄酒等。我精選了一些在電視節目《有酒今晚吹》中提及過的題目、酒類，在此和大家更深入地認識它們，並附錄了我的酒莊或酒區行記。

$1500萬的威士忌

至於我為甚麼喜愛威士忌？那亦是自小培養出來的嗜好。有人曾經問我，如果只可以帶一支酒去荒島，會選甚麼酒？我很認真地思考了許久，因為太多喜歡的酒類，最後選了威士忌。為甚麼？因為荒島沒有雪櫃，在不知道要在荒島逗留多久的情況下，不可以帶葡萄酒或日本清酒，可能很快就喝完。所以，選一支烈酒比較合適，可以慢慢地喝，我會帶威士忌。

如果只能夠帶一支酒去荒島，
我會帶威士忌。

威士忌在近十多年越來越流行，售價亦越來越貴，尤其是蘇格蘭及日本的罕有威士忌。例如 The Macallan 1926 年的稀珍 60 年單一麥芽威士忌，成為全球最貴的單瓶威士忌之一，拍賣價約 $1500 萬港元。其實世界上很多地區也有生產威士忌，例如美國、加拿大、南非、台灣及印度等，書中會先分享最熱門的蘇格蘭及日本威士忌之一，也談及參觀威士忌酒廠的體驗，還推介幾款特別同香港有關的威士忌。

除了威士忌，近年部分烈酒也成為追捧對象。氈酒（Gin）當然是大熱之一，就連香港也有自己的本土氈酒！另外還會分享時興的 Aged Tequila 及 Aged Rum，喜歡喝陳年舊酒的朋友一定會感興趣。最後當然不得不提干邑，還有我在干邑酒莊的旅遊體驗。

日本清酒越來越受大眾喜愛。

最後是五花八門的日本清酒，越來越受大眾喜愛。我很喜歡喝日本清酒，身邊也有不少日本酒發燒友，會講究到以不同類別的酒杯，去喝不同的日本清酒。我主持的電視節目第一集便是介紹清酒，因為嘉賓 —— 歌手兼監製 Eric Kwok 本身很喜歡喝清酒，該集還分享了不同的清酒酒杯。此書會精選一些近年比較流行的特別類別，包括氣泡清酒、古酒和木桶熟成的清酒等，看看有否你的心水。

1.2 互相輝映 美食搭配的藝術

藍龍蝦配年份香檳，帶出更多龍蝦的海洋鮮味。

美酒配佳餚，可令食物與美酒體驗都得到昇華。當喝酒成為日常社交活動的一環，朋友都會每人帶一支酒來應約。聚會前，大家記得先溝通帶甚麼酒，免得「撞酒」又或者「溝得太勁」容易喝醉。如何配搭食物亦是很好玩的藝術，配搭得宜會提升食物及酒的層次。不懂酒的朋友也會聽過「白酒配白肉，紅酒配紅肉」，這當然是穩妥做法，但各地料理日新月異，千變萬化，尤其中菜大江南北，差異極大，配搭起來更講究功力，亦更有趣味。

美酒配佳餚，可昇華食物
與美酒搭配體驗。

我在書中特別加設在節目中分享過的美酒佳餚心水配搭。雖然每個人的
口味不一樣，但希望這些配搭給你一些啟發，例如日本有氣濁酒配麻婆
豆腐、布爾岡白酒配柚香水晶柚皮、阿根廷 Malbec 紅酒配新加坡古法炒
蘿蔔糕、蘇格蘭單一麥芽威士忌配叉燒等，下次和朋友吃飯時，不妨一
試，或許會有驚喜。

1.3 你用對酒杯了嗎？

酒杯講究起來，也是五花八門。

如果酒是一朵香氣撲鼻的鮮花，酒杯就是不可缺少的綠葉。一隻合適的酒杯，可以將酒的香氣發揮得更淋漓盡致，我主持的節目曾以不同的 Lucaris 水晶酒杯來分享不同的美酒。酒杯講究起來，也是五花八門，但其實家中備有幾款基本的酒杯「看門口」已經足夠，例如喝葡萄酒的話，香檳杯、白酒杯及紅酒杯各兩款就可以。以下是各款酒杯的介紹及我的精選推介。

香檳杯

大家對香檳杯的印象一般都是「笛型杯」（Flute）。這款杯的杯身窄窄長長，可以看見香檳的氣泡在杯中冉冉上升，非常優美，亦可將氣泡保留在杯中長久一點。不過，因為杯口窄小，接觸空氣亦少，阻礙了香檳因接觸空氣而散發更多香氣。我做節目時或在家中，通常會用這款杯去喝無年份香檳或者其他氣泡酒如 Prosecco 或 Cava 等。另一款我常用的香檳杯是「鬱金香杯」（Tulip），杯型有點像鬱金香，杯口比笛型杯闊，而且杯肚更闊大，可以有更大空間釋放香檳的氣味，展現多層次的味道，同時倒酒入杯時，相比笛型杯，氣泡沒那麼容易滿瀉。我喝年份香檳時便會選用這款杯，如果家中沒有這款杯，建議用白酒杯代替，會比窄身香檳杯更好。

拍攝《有酒今晚吹》時，發生了件小意外，亦是一件趣事。我的主持拍檔娟姐（練美娟）於拍攝時喝得高興，帶點微醉（我們做節目是真的喝酒，並沒有「扮嘢」）。她在和我乾杯時，竟然一下子敲碎了香檳杯，玻璃碎片紛紛散落在我身上。我有些驚訝，卻一點也不擔心。所有喝酒的朋友都明白，人生總會有敲碎杯子的時候，只是在螢幕前發生就很難忘！如果遇到同樣事情，記得用手機燈照一照衣服，看看有沒有碎片的反光，也盡快換走有碎片的衣服。

Tulip
鬱金香杯

Lucaris
Tokyo
Temptation
「笛型杯」
(Flute)

白酒杯

一般在餐廳常見的，是一款較紅酒杯窄身的白酒杯，這款白酒杯的優點是可以保留花果香氣，維持低溫久一些，靠近鼻子時也容易聞到更多香氣。我通常會用這款杯子來喝帶新鮮果香的白酒，如 Sauvignon Blanc 或 Riesling 等。但如果喝的是厚身的白酒（full-bodied），如入過木桶的 Chardonnay 白酒（包括布爾岡白酒），就會選擇杯肚闊身些的白酒杯，一般會稱為「Burgundy 白酒杯」，可以有更大空間在杯內搖晃，接觸更多空氣，釋放白酒的香氣，展現多層次的味道，而杯口相對窄身，可以更容易聞到白酒的香氣。

Lucaris Desire Rich
White Burgundy
白酒杯

Lucaris Desire
Crisp White
窄身白酒杯

紅酒杯

紅酒杯通常是比白酒杯闊、大和高身一點的酒杯，餐廳多數以波爾多紅酒杯（Bordeaux）去侍紅酒。我通常會用這款杯喝比較厚身的紅酒，如 Cabernet Sauvignon 或 Bordeaux 等。這杯的設計可以有較大空間讓酒液在杯內有更多平面面積，接觸更多空氣，慢慢讓單寧因接觸空氣而分解，變得比較柔和，杯口相對收窄少少，可以更容易收集及聞到紅酒的香氣。至於品嚐 Pinot Noir，我建議用杯肚再闊身些的紅酒杯，一般稱為「Burgundy 紅酒杯」，有更大空間讓酒液在杯內接觸更多空氣，釋放紅酒細緻複雜的香氣，而杯口相對窄身，可以更易收集及聞到紅酒的多重香氣，尤其花香和果香會更突出，層次亦更豐富。

Lucaris Desire Elegant
Red Burgundy
紅酒杯

Lucaris Desire
Robust Red
Bordeaux
紅酒杯

威士忌

很多人認為威士忌酒杯,就是 Rock Glass(岩杯,又叫 Rock 杯)。不能說是錯的,因為很多客人喝威士忌時喜歡加冰, 所以酒吧一般會以這款闊身圓筒型的 Rock 杯去侍酒。但現在品嚐威士忌,尤其在威士忌酒吧,一般會以 Glencairn Glass 侍酒,杯型有點像鬱金香,杯肚闊身而杯口窄,杯底是平的,跟葡萄酒杯聞香的原意相若。由於杯口窄,可更集中地聞到威士忌的香氣,我通常會用這種杯來喝威士忌,又或品嚐陳年 Rum 酒及淨飲甦酒時,用來聞香最理想。另外還有一款也是鬱金香杯型(Dock Glass),但有微長的杯柄,有點像迷你葡萄酒杯,能防止手溫影響酒體,也能避免手的氣味太過靠近鼻子而破壞酒香。但我個人覺得 Glencairn Glass 比較方便,我做威士忌盲品評判時,慣常以這款杯進行品評。

Glencairn
Glass

Rock
Glass

Dock
Glass

日本清酒

最玩味是清酒杯。平日在居酒屋喝日本清酒時，餐廳都會先讓我們選杯，有不同的顏色或大小。一般稱為「豬口杯」的，是可以一口飲盡的杯型，大約 20 至 40 毫升左右的容量，亦是居酒屋常見的杯型之一。另外，我常常在節目中用的日本清酒酒杯，有點像葡萄酒的白酒杯，其實是大吟釀酒杯，會比一般豬口杯更適合聞香，所以很適合用這款杯去喝吟釀以上的、帶果香類型的清酒。我在其中一集，專門介紹不同類型的日本清酒酒杯，分享日本人的講究和細緻，以美麗的酒杯去品嚐優雅的清酒，如有田燒陶瓷酒杯及切子酒杯等，相得益彰。另外亦曾試用手錘錫器酒杯品清酒，除了工藝外，錫製的杯可以去除酒的雜味，讓口感更豐厚順滑，冷飲還可令低溫保持得久一點。陶器則可展現日本酒的甘甜圓潤，帶旨味（Umami，也釋作「鮮味」）及口感較甜的日本清酒，比較適合用陶瓷酒杯。

Lucaris Tokyo
Temptation
日本清酒大吟釀酒杯

豬口杯

錫杯

切子杯

1.4 品酒的禮儀和程序

拿酒杯的正確姿勢

先分享拿葡萄酒杯的正確姿勢,首先是不要用手托著杯肚,正確方法是用拇指和食指捏住酒柄,又或者以拇指及食指握住酒杯底座對上的酒柄,其餘手指放在底座下托住酒杯。為甚麼不可以托杯肚?因為不想手溫影響酒體。

看、聞、嚐

步驟一是「看」

至於品酒程序,分為三個步驟。步驟一是「看」。首先是拿起酒杯,看看葡萄酒是清澈或帶點濁,如果是濁的,有機會是壞了,除非是該酒本身的特色,例如自然葡萄酒經常會有酒渣在瓶內。之後,把酒杯向前傾斜

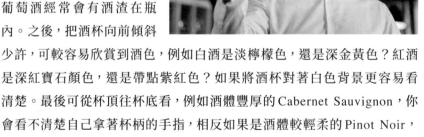

少許,可較容易欣賞到酒色,例如白酒是淡檸檬色,還是深金黃色?紅酒是深紅寶石顏色,還是帶點紫紅色?如果將酒杯對著白色背景更容易看清楚。最後可從杯頂往杯底看,例如酒體豐厚的 Cabernet Sauvignon,你會看不清楚自己拿著杯柄的手指,相反如果是酒體較輕柔的 Pinot Noir,透過紅酒亦可看見手指。

步驟二是「聞」。將酒杯微微打斜靠向自己，鼻子靠近杯口，先聞一聞，然後可以順時針或逆時針方向搖晃酒杯，方向沒所謂，順手便可，目的是接觸更多空氣，釋放更多葡萄酒的香氣出來。然後再聞一聞，看看是否聞到花香、果香或橡木等香氣，隨着品酒經驗越來越多，相信你也會慢慢聞到更多香氣。

步驟二是「聞」

步驟三是「嚐」

步驟三是「嚐」。首先輕輕喝一小口（切忌一大口喝下去），然後把酒液在口腔內盤旋數秒，讓更多空氣進入口中，同時令舌頭充分感受到葡萄酒的味道。這時候，看看自己能否感受酒的酸度、果香和酒體，以及夠不夠乾身，有沒有其他味道及餘韻等。同樣地，品酒經驗越多，便能感受到更多的味道。至於日本清酒，如果用大吟釀酒杯或 ISO 酒杯來品嚐，品酒步驟亦相似。

烈酒加點水　打開更多香氣

最後是威士忌，品酒步驟亦相似，除了聞酒前的搖杯部份。有些威士忌釀酒大師建議輕輕搖杯（不是大力搖和不停搖），另一些大師則認為不應該搖杯，只需要慢慢聞便可以。搖還是不搖，重點是先知道為甚麼要搖杯。葡萄酒因為搖晃，可加入更多空氣來醒酒，但威士忌的酒精度在 40 度以上，很難像葡萄酒般，透過搖酒來打開它所有香氣，反而加幾滴水，能釋放更多的香氣。另外，溫馨提示，由於威士忌的酒精度高，聞酒時記得輕輕地、慢慢地聞，不要深呼吸，或把鼻子塞進杯口，因為它的酒精度會很容易令人嗆鼻。希望大家品酒愉快！Cheers！

酒匀世界今晚 Chill

第 二 章

了解葡萄酒 —— 舊世界

2.1　葡萄酒的歷史與類別

葡萄酒是聚會、婚宴最常見的酒類。

就算你不喝葡萄酒，身邊也一定有喜歡喝葡萄酒的朋友，又或者去參加婚宴，主人一般都會以紅、白酒來招呼賓客。葡萄酒作為主流，亦自然成為我帶大家「酒勻世界」的第一站。我會在這裏逐一和大家分享不同酒區的葡萄酒，但全世界實在有太多葡萄酒區，所以我精選了舊世界及新世界具代表性酒區和大家分享。

「酒海無涯」，不但酒區多，類別亦多。簡單而言，葡萄酒可分為五類，

包括有氣酒、白酒、紅酒、粉紅葡萄酒及甜酒。我會帶大家先看舊世界的
葡萄酒國家或酒區，然後走入新世界的葡萄酒國家或酒區，另外再和大
家分享一些另類潮流的葡萄酒。每個酒區都會有我為大家精選的葡萄酒
推介。每支酒的來歷、香氣、味道，搭配的佳餚，都一一為你道來，亦是
我多年來的品酒心得。

酒香流傳 8000 年

進入酒區前，先來初步認識葡萄酒的釀造歷史。有研究指早於 8000 年
前，格魯吉亞已經開始釀造葡萄酒，源遠流長。至於何謂舊世界及新世
界？舊世界（Old World）是指以法國、意大利及西班牙等國家為首的
葡萄酒產區，葡萄品種源自這些舊世界國家，其釀酒歷史遠比其他國
家久，以及在很早以前已定下完善的釀酒法定規矩。至於新世界（New
World）是指包括美國、南美洲和澳洲等國家在內的葡萄酒產區，與舊世
界相比，釀酒歷史比較短，而大多葡萄品種是由舊世界國家帶過去的。
新世界沒有舊世界那麼多釀酒法規，所以更有利於發展出不同的新風
格，令葡萄酒界百花齊放。

8000 年前，
格魯吉亞已經開始用
陶罐釀造葡萄酒。

2.2 世界之最 法國波爾多

法國波爾多吉隆河的支流多爾多涅河。

無論你是否喜歡喝葡萄酒,都會聽過法國波爾多(Bordeaux)葡萄酒,該地是世界最知名的葡萄酒區,亦是我最喜歡的酒區之一。波爾多位於法國的西南部,葡萄酒產區以吉隆河(Gironde)及兩條上游支流 —— 多爾多涅河(Dordogne)和加龍河(Garonne)為界,主要劃分為「左岸」及「右岸」。波爾多以出產紅酒為主,擁有舉世矚目的一級莊,如拉菲酒莊(Château Lafite Rothschild)和拉圖酒莊(Château Latour)等,但其實此區也有出產白酒、粉紅葡萄酒、甜酒及有氣酒等。

百年佳釀最難忘

我最難忘的「酒」回憶正是來自波爾多葡萄酒。
那是我至今喝過最舊年份的葡萄酒 —— Château
Gruaud Larose 1923 年，屬波爾多二級莊葡萄酒，
是一位朋友的珍藏。喝這麼舊的葡萄酒要很細心
及小心，不要搖杯，因為怕它「一搖就散」。年
份百歲的舊酒，酒塞難開，倒酒時動作要非常輕
柔，亦千萬不要醒酒，怕它的香氣「一醒即散」。
酒色紅中帶茶色，能看見歲月痕跡，入口帶乾
花、乾梅、甘草、皮革及土壤等味道。十分有幸可
一親香澤，一試難忘，亦再次證明優質列級酒莊
葡萄酒的陳存能力。

Château Gruaud Larose
1923 年

波爾多優秀而出名的一級莊葡萄酒當然好喝，但性價比高的葡萄酒也有
很多選擇。

波爾多酒區風土

波爾多屬海洋性 (maritime) 氣候，夏天較溫暖，
冬天不太寒冷。酒區主要分為左岸及右岸，「左岸」土
壤比較多礫石 (Gravel)，排水比較好，風土較適合赤
霞珠 (Cabernet Sauvignon) 葡萄生長，具果香濃郁、
單寧厚實的特色。「右岸」土壤以黏土 (Clay)、石灰岩
(Limestone) 等為主，風土較適合梅洛 (Merlot) 葡萄生
長，風格豐潤，帶豐富紅莓香氣，單寧較柔順。

法國波爾多是世界最知名的葡萄酒產區。

另外喝這酒區的列級酒莊的酒，同時亦能感受、認識舊世界葡萄酒的歷史。在此分享我在節目中介紹過的一款白酒、一款左岸和一款右岸的紅酒，可以對這酒區的風格有多一點了解。

主 要 級 別

波爾多自1855年起便實行波爾多葡萄酒分級制度，簡稱為1855分級制（1855 Classification），是法國國王拿破崙三世為了向世界推廣波爾多葡萄酒而設的。酒莊劃分為一級至五級，最高級別為一級酒莊，共有五大酒莊，分別為 Château Lafite Rothschild、Latour、Margaux、Haut-Brion 與 Mouton Rothschild。雖然右岸的兩大明星酒莊 Pétrus 及 Le Pin 不在這分級制度中，但亦是不可不知的波爾多酒王。

///// 精選推介 /////

Château Cos d'Estournel Blanc 2017

如果你喜歡 Sauvignon Blanc
葡萄的白酒，那麼波爾多出
產的白酒，你也會喜歡。
它加入了部分 Sémillon 葡
萄去混釀，你可以感受到
波爾多風格的 Sauvignon
Blanc 是怎樣的。產區位於
左岸的 Saint-Estèphe，此
酒莊屬二級列級酒莊，始於
1811 年。此酒產量不多，以
80% Sauvignon Blanc 及 20%

Château Cos d'Estournel 的藏酒室。

Sémillon 混釀，並陳釀於橡木桶 9 個月。這酒莊的紅酒固然十分出色，白
酒亦做得相當優雅出眾，是我喜歡的波爾多白酒之一。

◎品酒體驗◎

此酒帶淡金黃色，充滿果香及橡木香氣，帶白花、熟蘋果、
芒果乾、蜜糖、雲呢拿、橡木、柑橘、香料及礦物等味道。酒
體豐厚而餘韻悠長。

◈ 食物配搭 ◈

此白酒配搭海鮮，其礦物味可提升海鮮
的鮮味，酒體豐厚，配搭較濃郁的食
物亦可。建議配南乳吊燒雞，酸度可
減去油膩感，同時食物亦帶出更多白
酒的果香。

Château Certan de May 2007

如果能試右岸酒王當然好，但昂貴，不如試試位於右岸 Pomerol 區，酒莊
葡萄園跟右岸酒王 Pétrus 毗鄰，是該區位置最高的葡萄園之一，於 18 世
紀開始釀酒，性價比高。葡萄藤屬於老樹藤，平均年齡約 30 年。酒莊產
量少，屬精品酒莊，每年生產約 2 萬 5 千支，可謂一酒難求。著名酒評人
Robert Parker 將它列為最愛的 Pomerol 酒莊之一，屬波爾多右岸的明星
酒莊。此酒葡萄包括 70% Merlot、25% Cabernet Franc 及 5% Cabernet
Sauvignon，並陳釀於橡木桶約 16 個月。

◎ 品酒體驗 ◎

此酒帶紅寶石顏色，單寧幼細，帶礦物、紅果、紫花香及泥
土香氣，並帶紅李子、黑莓、橡木及香料等複雜味道，餘韻
優雅而細緻。

Château Calon Ségur 2000

適合於情人節品嘗的紅酒，份外浪漫。

此酒莊位於左岸的產區 Saint-Estèphe，屬三級列級酒莊。這是
我覺得既浪漫又很能代表左岸風格的其中一支美酒。葡萄酒
的「心形」酒標十分特別，亦被稱為「愛之酒」。19 世紀時，
前莊主雖然同時擁有兩大一級名莊，但卻明言心繫此酒莊，
令酒莊名傳於世。2000 年是法國波爾多葡萄酒的好年份，經
過 20 多年的陳年，現在是最佳時段去品嘗它。此酒葡萄包括

047

65% Cabernet Sauvignon、20% Merlot 及 15% Cabernet Franc，並陳釀於橡木桶約 18 個月。這是我其中一個很喜歡的酒莊，亦是我推介朋友於情人節享用的紅酒，因為酒標的心心圖案，份外浪漫。

◎品酒體驗◎

此酒呈深紅寶石色，平衡而有層次，帶黑莓、黑櫻桃果醬、烤烘、雪茄葉、甘草、甜香料及黑醋栗等味道，單寧結構緊密，餘韻悠長。

◆食物配搭◆

紅酒配搭鵝肝或紅肉都十分夾。建議配搭片皮鴨，紅酒令片皮鴨的脆皮及肉香更濃郁，同時亦帶出更多黑果、橡木及甘草香料等香氣，互相輝映。

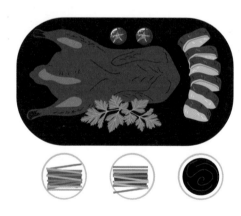

2.3 貴族韻味 法國布爾岡

布爾岡北部的 Chablis 的土壤特色，為葡萄酒帶來礦物的鹹味或火石味。

法國布爾岡（Bourgogne），又稱布根地（Burgundy），是波爾多以外，最知名的法國葡萄酒酒區，亦是出產全世界最昂貴葡萄酒的酒區之一。到底有多貴？例如這酒區以昂貴聞名的著名酒莊 Domaine de la Romanée-Conti，簡稱 DRC，它的皇牌紅酒 Domaine de la Romanée-Conti Romanée-Conti Grand Cru 2016，一支平均售價約港幣 \$234,000*。不過，這酒區絕對不是遙不可及，由數百元至十萬以上一瓶的紅酒都有。這酒區的紅酒主要來自 Pinot Noir 葡萄，而白酒則主要來自 Chardonnay 葡萄。為甚麼布爾岡葡萄酒這麼貴？簡單來說是需求上升，尤其是亞洲顧客，加上受

* 資料來源：wine-searcher.com

布爾岡酒區風土

布爾岡葡萄酒講究風土 (terroir)，地理位置屬於偏涼氣候 (cool climate)，土壤充滿石灰岩 (limestone)、黏土 (clay) 及泥灰岩 (marls)，生產的葡萄酒優雅而充滿礦物味道。著名白酒酒區主要在 Côte de Beaune 區，以 Chardonnay 葡萄最盛產；而著名紅酒酒區主要在 Côte de Nuits 區，以 Pinot Noir 葡萄最盛產。布爾岡葡萄酒區由北部的 Chablis 一直延伸至南部的 Mâconnais，由於微風土及釀酒師風格不一樣，所以同一款葡萄釀造出來的味道亦有分別，這就是布爾岡葡萄酒迷人之處。例如北部 Chablis 的 Chardonnay 白酒酒體較清爽及 pure，較南的酒區如 Côte de Beaune，白酒酒體會相對豐厚，酸度平衡而帶多點成熟果香。

氣候轉變影響，導致收成不定、釀酒成本上升，還有拍賣行破紀錄的拍賣價等，都是令到此酒區酒價大幅上升的原因。

小鎮白酒　風土獨特

首先介紹位於布爾岡北部的夏布里 (Chablis)，出產的白酒以 100% Chardonnay 釀造。比起一般 Chardonnay 葡萄酒，它甚少用木桶陳釀 (除了 Grand Cru)，因為想帶出土壤的特色，即清爽、酸度高、帶清新青檸、青蘋果、白桃及特出的礦物味。而 Chablis 之所以這麼獨特，帶多點礦物的鹹味或者火石味，主要歸功於它的史前石灰岩 (Jurassic Kimmeridgian Limestone)。這風土也是該區跟其他布爾岡產區的白酒味道不一樣的主要原因。我曾去 Chablis 酒區深度遊，第一次參觀 12 世紀古堡，並在其地窖試酒。古堡屬於該區擁有最多葡萄田之一的家族酒莊 Jean Durup Père et Fils。Chablis 人口只有二千多人，小鎮居民基本上都互相認識，出入都會打呼，十分窩心。該區人口雖少，每年卻生產約四千萬支葡萄酒，十分厲害。

我很喜歡布爾岡葡萄酒的那份優雅細緻，完全演繹了舊世界那份貴族韻味。年輕時充滿優雅的果香，成熟時流露年月的風韻，相當迷人，跟波爾多葡萄酒那份豐厚酒體截然不同。同樣的葡萄品種在新世界的出品中，由於風土及釀酒風格不同，分別亦明顯。我覺得要了解 Pinot Noir 及 Chardonnay 在舊世界的經典演繹，不可不試布爾岡葡萄酒。而它那份溫婉而變化多端的迷人酒香，同樣亦令一眾酒迷傾倒沉迷。以下分享三款布爾岡葡萄酒，包括 Chablis 白酒、Meursault 白酒及 Corton 紅酒，可以更了解布爾岡的不同風格。

主要級別

波爾多葡萄酒以「酒莊來分級」，而布爾岡葡萄酒則實行另一套基制，以「風土」為重點，以地為王，即「以葡萄田來分級」。布爾岡的葡萄田被劃分為 4 級：Grand Cru、Premier Cru、Village 及 Regionale；其中以 Grand Cru 級別為最高，只佔約 1.4%。至於北部的 Chablis 產區亦分為四級，包括最高級別的 Grand Cru（約 1-2% 產地）、Premier Cru、Chablis 同 Petit Chablis 四級。Grand Cru 田的要求十分嚴格，在它附近的田，即使只是一街之隔，亦可能因為葡萄田面向不同，或土壤有偏差，不能被選為 Grand Cru 田。

///// 精選推介 /////

Domaine William Fèvre Chablis Grand Cru Bougros Côte Bouguerots 2016

Domaine William Fèvre 是擁有最多 Grand Cru 葡萄田的酒莊之一。

此酒莊位於 Chablis，是擁有最多 Grand Cru 葡萄田的酒莊之一，它的葡萄酒亦被譽為最可以長時間收藏的 Chablis Grand Cru 之一。葡萄主要是以人手採摘，2006 年起開始推行有機種植，2010 年起更以生物動力法（Biodynamic）種植。以 100% Chardonnay 葡萄釀造，這白酒於橡木桶中陳年約 15 個月，令酒體更圓潤幼滑。

◎品酒體驗◎

我喜愛此白酒清純而具層次，此酒帶淡黃色及些許青邊，屬經典Chablis風格，十分清澈，帶白花、白桃、柑橘、奶油、蠔殼、礦物及火石味道，酸度高而極具層次，餘韻悠長。

◇食物配搭◇

Chablis白酒礦物味道特別突出，配搭海鮮相當夾，尤其適合配生蠔，將海洋的味道提升，令生蠔的鮮甜味更突出，同時食物亦帶出更多白酒的白桃香、柑橘香、香草及奶油等味道。

Domaine Vincent Latour Meursault 1er Cru Charmes 2017

莊主 Domaine Vincent Latour，酒莊亦是用他姓名來命名。

Meursault 產區在布爾岡白酒中有很高的知名度，它雖然沒有 Grand Cru 特級園，但有評價十分高的 Premier Cru 一級園和 Village 村莊酒。風格上它較為濃郁，酒體豐厚，帶有白桃、青蘋果、礦物、牛油、奶油及堅果等味道。現莊主接手家族葡萄田之後，決定釀造自己的葡萄酒，而不是賣葡萄給其他酒商或酒莊。他更獲得布爾岡本地著名雜誌提名「年度最佳新釀酒師」，表揚他 2006 年的出眾佳釀，聲名大噪，尤其以 Meursault 白酒馳名。

◎品酒體驗◎

以 Chardonnay 葡萄釀造，這款白酒於橡木桶中陳釀 12 個月，優雅而香氣四溢，帶白花、白桃、奶油、蜜糖、烤烘、果仁及礦物等味道，餘韻悠長。

◆食物配搭◆

除海鮮及白肉外，配搭帶果香味的前菜亦很合適。建議配新派粵菜柚香水晶柚皮，清香而帶甘澀味，非常清新，配上白酒互相輝映，帶出更多白桃香及絲絲柚子香。

Bouchard Père & Fils Le Corton Grand Cru 2014

Côte de Beaune 是以白酒為主的產區，Corton 則是當中唯一種植 Grand Cru 紅葡萄的酒區，其紅酒的產量高達 95%，而這酒區亦是可陳存葡萄酒最久的地區之一。此酒商成立於 18 世紀，是法國布爾岡最古老及最大的酒商之一，亦擁有最多 Grand Cru 及 Premier Cru 葡萄田。全布爾岡區只有約 1.4% 為 Grand Cru 級別，十分珍貴。

◎ 品酒體驗 ◎

此酒帶紅寶石顏色，香氣四溢，帶紫花、玫瑰花、乾紅莓、野生士多啤梨及礦物及一點皮革味道，餘韻悠長。

◆ 食物配搭 ◆

Pinot Noir 除配紅肉外，配搭濃味海鮮及白肉亦佳。建議可配搭粵式明爐燒琵琶鵝，皮脆肉嫩，充滿鵝肉香，配上 Grand Cru 紅酒，帶出更多皮革香及乾果香，亦令紅酒單寧更幼滑。

Bouchard Père & Fils 是法國布爾岡最古老及最大的酒商之一。

2.4 產地決定一切 法國香檳

第一次與家姐黃真真導演在螢光幕前喝酒。

Champagne is only from Champagne！只有來自法國香檳區的氣泡酒才可以叫作香檳，法國其他地區及其他國家以香檳製法釀造的酒，只能叫氣泡酒（sparkling wine）。我在電視節目的不同集數都介紹過香檳，最難忘是其中一集邀請了家姐黃真真導演做嘉賓，第一次在螢光幕前跟她舉杯暢飲。家姐分享最難忘的一支香檳是 Champagne Laurent-Perrier 粉紅香檳。這特別版香檳還用一個像雀籠的粉紅色鐵盒盛載，一見難忘。這是家姐電影《六樓後座》的慶功派對上，電影公司老闆拿來跟她慶祝的，外形獨特，比一般香檳瓶腰身更闊，味道帶紅莓香，氣泡綿滑，十分有紀念價值。

坂本龍一 X 香檳王

而我最難忘的香檳體驗之一，就是 2022 年飛往東京體驗香檳王 Krug 聯乘著名音樂大師坂本龍一的「看見聲音・聽見 Krug」（SEEING SOUND, HEARING KRUG）之旅。坂本龍一為 Krug 香檳創作了 3 首樂章，去配搭 3 款 Krug 2008 年香檳「SUITE FOR KRUG IN 2008」。在現場一邊喝著香檳，一邊聽著演奏，感受坂本龍一演繹香檳的聲音，配合代表其樂章的燈光，將香檳與藝術交融，多重感官體驗實在太難忘。

在東京欣賞音樂大師坂本龍一的「看見聲音・聽見 Krug」音樂會。

另一難忘體驗是撰寫此書時，獲 Krug 香檳莊邀請，往法國香檳區出席其 180 周年慶典。慶典當日，於 Krug 香檳家族大宅，與第六代莊主 Olivier Krug 會面，並享用由三星米芝蓮大廚 Arnaud Lallement 設計的晚宴，配 4 款 2006 年的 Krug 香檳。另外，參加香檳莊安排的 Behind the Scenes 活動，在 Clos du Mesnil 葡萄田喝 Clos du Mesnil 2008 年香檳，同香檳酒窖大師 Julie Cavil 及團隊參觀 Chardonnay 葡萄田。喝著由這片田種出來的香檳，感受這裏的風土，由葡萄到酒杯（from grapes to glass），太美妙的體驗。最後還試了多款釀製香檳的基酒，以及剛混釀完成的香檳

基酒，包括 Krug Grande Cuvée 178ème Édition 及 Krug Rosé 34ème Édition，領悟到香檳的混釀藝術。每個體驗亦相當獨特，未能一一分享，有機會你也去試一下香檳之旅。

難以抗拒的優雅

香檳主要以 Chardonnay、Pinot Noir 與 Pinot Meunier 葡萄釀製，並於瓶中進行二次發酵。就算不太懂喝酒的朋友，也甚少會抗拒喝一杯香檳，除了因為香檳有慶祝的意思，還因其帶氣泡比較輕快，沒有紅酒那麼 heavy。我喜歡香檳因為它很百搭，可配搭很多食物，而且那優雅的花香和果香相當迷人，令人心情愉快。我很榮幸

2023 年 5 月，於 Krug 香檳家族大宅，與第六代莊主 Olivier Krug 會面。

香檳酒區風土

香檳位於法國東北部，地理位置屬於偏涼氣候（cool climate），主要產區包括 Montagne de Reims、Vallée de la Marne、Côte des Blancs、Côte de Sézanne 及 Aube，當中包含兩個相當知名的酒區：Reims 和 Épernay。土壤主要包括白堊土（Chalk）、岩石（rock）、粘土（clay）及石灰岩（limestone）等。釀造香檳主要是根據釀酒大師的風格，混合不同微風土的基酒，成就優雅、充滿礦物及不同果香層次的味道。

獲得法國香檳襟章會（Ordre des Coteaux de Champagne）授予「香檳榮譽校尉勳章」，認同我對推廣香檳的熱誠。在此深入淺出介紹幾款不同類型的香檳，希望你能找到你喜愛的款式。

以下分享四款不同類別的香檳，包括無年份香檳、年份香檳、白中白香檳及粉紅香檳，可以更了解香檳的不同風格。

剛混釀完成的香檳。

主要級別及類別

　　香檳酒區有逾 320 個村莊，當中法定級別分為普通園（Cru）、一級園（Premier Cru）和特級園（Grand Cru），而特級園只有 17 個，以土壤、葡萄園的坡度、座向及氣候等界定等級。香檳一般分為年份香檳（vintage）與無年份香檳（non-vintage, NV）。根據香檳區的法規，無年份香檳是由不同年份的基酒混合而成，須最少陳釀 15 個月才可出廠，而年份香檳則是由同一年份的基酒混合而成，須最少陳釀 36 個月。

　　一般香檳主要以 Chardonnay、Pinot Noir 與 Pinot Meunier 葡萄釀製，但亦有白中白（Blanc de Blancs）、黑中白（Blanc de Noirs）及粉紅（Rosé）香檳等類別。白中白香檳是以 100% Chardonnay 葡萄釀造，而黑中白香檳則一般以 100% Pinot Noir 葡萄釀造（亦可以 100% Pinot Meunier 葡萄釀造）。至於粉紅香檳更特別，除了浸皮法（maceration），酒區法規容許它加入最多 15% 紅酒，混合成粉紅香檳，因此香檳酒莊也有釀製自己的紅酒呢！

///// 精選推介 /////

Champagne Bollinger Special Cuvée 007 Limited Edition NV

少數仍是家族經營的著名香檳酒莊 Champagne Bollinger。

無年份香檳（Non-Vintage, NV）的選擇很多，今次想分享的是始創於 1829 年，屬於少數仍是家族經營的著名香檳酒莊 Champagne Bollinger 所出的特別版 NV。位於香檳區中心的 Aÿ 香檳莊，85% 的葡萄田是屬特級園（Grand Cru）及一級園（Premier Cru），由 1884 年起被英國皇室選為御用香檳，直至現在。另外亦是占士邦電影系列的指定香檳，合作無間逾 40

年，此特別版香檳正是為電影而推出的 007 特別版，酒瓶頸更印上 007 字款，占士邦迷一定喜愛。此酒以 60%Pinot Noir、25% Chardonnay 和 15% Pinot Meunier 混釀，當中亦混合部分 10 至 15 年的佳釀，陳釀 3 年以上才入瓶出廠。我曾參觀過 Bollinger 香檳莊，印象最深刻是見到兩塊碩果僅存、從未受過蟲害的葡萄田 Vieilles Vignes Françaises，至今仍有生產限量香檳！

◎ 品酒體驗 ◎

無年份香檳須最少要陳釀 15 個月才可出廠，這款 NV 卻陳釀 3 年以上才入瓶出廠，可想像它是何其認真製作的入門香檳。酒呈淡金黃色，優雅而充滿果香，氣泡幼滑，帶蜜糖和白花的甜美香氣，還有白桃、糖漬檸檬、紅蘋果、野生士多啤梨、烤烘、礦物和杏仁等味道，餘韻適中。另有 007 加持的特別版，占士邦迷絕對不容錯過。

◆ 食物配搭 ◆

無年份香檳配搭小吃如果仁、頭盤如凍肉拼盤或海鮮拼盤等都相當合適。此外，不如試試配潮州菜。推介滷水法國鵝肝，香檳能提升滷水鵝肝的濃郁味道，令口感更柔滑，而香檳的酸度可減低鵝肝的油膩感，反之鵝肝亦令香檳內的果香更爆發。

Perrier-Jouët Belle Époque 2014

在 Perrier-Jouët 香檳莊的大宅內
享用香檳配對午餐。

酒莊位於香檳區的 Épernay，始於 1811 年。此系列屬於香
檳莊中的頂級系列，只有在好年份才出產，其年份香檳最少
窖藏 6 年以上才出廠，擁有優雅的花香及果香味道。瓶身
的銀蓮花，是 1902 年時由著名藝術家 Émile Gallé 設計。
我很喜歡這香檳，除了因為瓶身非常美麗之外，亦充滿優
雅的花香及果香。我常常推介朋友選擇此香檳為情人節禮

物，比送花來得特別。這支 2014 年的年份香檳，以 50%Chardonnay、
45%Pinot Noir 及 5%Pinot Meunier 葡萄釀製，優雅而具層次。我曾在這
香檳莊的大宅內享用香檳配對午餐，以 5 道菜配 4 款 Belle Époque 香檳，
並參觀大宅內的不同藝術裝置，就連一些香檳酒杯都是古董，相當特別
又美味的體驗。

◎ 品酒體驗 ◎

酒色呈淡金黃色，花香和果香非常出眾。入口能感受到優雅的花香，氣
泡綿滑，層次複雜，有蜜糖、牛油麵包、烤烘、白花、白桃、柑橘和礦物
等味道，餘韻悠長。由於是年份香檳，層次複雜，建議用大鬱金香香檳杯
飲用，帶出更多香氣。

◆ 食物配搭 ◆

年份香檳由於層次複雜，可以配搭
較濃味的食物，例如煎鵝肝或燒乳
鴿。另推介配搭潮式煎蠔烙，並與
鮮香的魚露一起吃。充滿礦物味
的香檳，提升了蠔仔的鮮甜及蛋
香，同時亦放大了香檳烤烘、牛
油麵包及白桃等味道。

Maison MUMM RSRV Blanc de Blancs 2014

白中白香檳以 100% 的 Chardonnay 葡萄釀造。

此香檳酒莊位於香檳區的 Reims，始於 1827 年。這香檳系列最初並不對外公開發售，直至近幾年才開始把部分系列限量公開發售。白中白香檳是以 100% 的 Chardonnay 葡萄釀造，特色是它的清純果香和優雅細緻的酒體。這支 2014 年白中白珍藏系列年份香檳，使用 100% 產自特級葡萄園（Grand Cru）的 Chardonnay 葡萄釀製，特級葡萄園佔法國香檳區約 5%，極為珍貴。而年份香檳最少陳釀 3 年以上才推出市場，但此酒由採收 2014 年葡萄來釀酒，到 2015 年入瓶作二次發酵，

並於 2021 年除渣入瓶，陳釀達 6 年以上。我喜歡這香檳清純而具層次，Grand Cru 香檳從來少量，在特別日子與朋友分享不錯。我在參觀香檳莊時，不但了解到香檳的生產過程，還看見很多以前舊式的生產工具，最後在莊園的戶外地方 chill 住飲 RSRV 香檳，十分寫意。

◎品酒體驗◎

酒色呈檸檬黃色，香氣優雅細緻而帶白花香，入口優雅而具層次，能感受到 Chardonnay 葡萄的 pureness（純淨），帶有礦物、白桃、檸檬、柑橘、白花、蜜糖、烤烘、牛油麵包和烤果仁等味道，氣泡綿滑，餘韻悠長。

◆食物配搭◆

白中白年份香檳適合配搭較為清淡的食物，如淡芝士、沙律、較淡味的生蠔等，互相輝映。建議可配香煎龍蝦沙律，香檳內的礦物味提升清爽彈牙的龍蝦的鮮甜度，龍蝦的海洋鮮味亦令香檳內的雲呢拿、烤烘和蜜糖等味道更突出，白中白與海鮮是絕配。

Dom Pérignon Rose 2008 X Lady Gaga Limited Edition

Dom Pérignon Hautvillers景色。

香檳品牌以與香檳甚有淵源的著名修士Dom Pérignon命名，1936年推出第一支1921年的珍稀系列香檳，只出年份香檳，更有「香檳王」的美譽。此系列是與國際天后Lady Gaga聯乘推出的限量版年份香檳，以鮮艷的粉紅色配上不規則的金屬盒設計，活像一個被困盒內快要爆炸的氣球，啟發無限的想像力和

創造力。2008年是非常出色的年份，此粉紅年份香檳以55%Pinot Noir
及45%Chardonnay葡萄釀製，當中只添加10% Pinot Noir紅酒，比以往
的紅酒比例大幅減少，屬突破性的年份，而且最少窖藏12年才除渣入
瓶。我以這款香檳在電視節目的最後一集與兩位拍檔分享，因為這特別
版代表無盡創造力，就像這節目是香港近年最長壽的品酒節目一樣，以
這特別限量版香檳作總結相當有意思。

◎ 品酒體驗 ◎

酒色呈三文魚顏色兼帶少少粉紅，優雅而香氣四溢，層次複雜，充滿細緻
的果香。入口氣泡綿滑，相當優雅，酸度高，極具層次，帶有玫瑰花、橙
花、紫花、紅莓、野生士多啤梨、牛油麵包、烤烘、雲呢拿、甜香料及礦
物等味道，餘韻十分悠長。

◆ 食物配搭 ◆

粉紅香檳配白肉、牛仔肉及帶清淡甜品都甚佳。建議用這珍稀年份粉紅
香檳配士多啤梨芭菲，士多啤梨可提升香檳的紅果香氣，而香檳的果香
及酸度亦令芭菲沒有那麼膩。

2.5 被忽略的老二 法國隆河谷

談到法國葡萄酒，大家好自然便會想起波爾多或布爾岡葡萄酒，而隆河谷（Rhône Valley）葡萄酒往往被忽視。隆河谷產區其實是法國第二大葡萄酒法定產區，位於法國東南部，亦是相當古舊的葡萄產區之一，有逾二千年歷史。葡萄田主要沿着長達 240 公里的隆河（Rhône River）種植，每年產量逾四億瓶葡萄酒。

南北爭輝

如果你喜歡 Syrah* 葡萄酒，就更加要試來自北隆河（Northern Rhône）的紅酒，風格跟新世界的 Shiraz* 紅酒截然不同。整體而言，前者優雅而具層次，後者澎湃而充滿果香。我很喜歡北隆河小產區 Condrieu 的白酒，以 100% Viognier 葡萄釀造，圓潤而充滿花香及果香，給自己或朋友一個 Chardonnay 或 Sauvignon Blanc 白酒葡萄品種以外的選擇。還有來自南隆河的 Châteauneuf-du-Pape 產區，可使用最多 18 款葡萄混釀成葡萄酒，如此複雜，值得一試。

北隆河的葡萄田種植在花崗岩山坡上，梯田斜度高，主要以人手採收。

*Syrah 跟 Shiraz 是同一個品種的葡萄，法國及其他歐洲地區等舊世界國家，大都稱為 Syrah，而美國、澳洲、南非等新世界國家，一般會稱為 Shiraz。

隆河谷南北兩區及風土

　　酒區主要分為南北兩區。北區屬大陸性氣候，葡萄田大多種植在花崗岩山坡之上，由於葡萄梯田坡度高，主要以人手採收。由於風土獨特，尤以 Syrah 葡萄酒特別出色，優質且陳年能力高而馳名。南區的酒產量佔整個隆河谷的 95%，受地中海氣候影響，土壤亦屬多樣化，包括黏土（Clay）、砂土（Sand）、岩石（Rocky）、石灰岩石（Limestone）等，可以種植多款葡萄品種。以 GSM Blend 為主打的南區風格，即 Grenache、Syrah、Mourvèdre 這 3 種葡萄混釀為主要紅酒，帶有豐郁成熟的果味。

　　雖然北隆河佔整個隆河谷酒區約 5% 生產左右，卻相當知名，尤以 Hermitage 及 Côte Rôtie 酒區最為人熟悉。紅酒葡萄只有 Syrah，而白葡萄主要有 Roussanne、Marsanne 及 Viognier。隆河谷區出產的葡萄酒有 95% 都是來自隆河谷區南部（Southern Rhône），南區最為人熟悉的必定是 Châteauneuf-du-Pape 及 Côtes du Rhône 法定產區葡萄酒。以下分享北、南隆河各兩款葡萄酒，讓大家更了解此區的風土特色。

主要級別

　　葡萄酒主要分為四個級別，由低至高，包括 Côtes du Rhône（隆河丘）AOC、Côtes du Rhône Villages（隆河丘村莊）AOC, Côtes du Rhône (Named) Villages（隆河丘村莊連村莊名）AOC 及 Côtes du Rhône Crus（特級村莊）AOC。

北隆河 Hermitage 酒區的葡萄田。

///// 精選推介 /////

E. Guigal Condrieu 2018

E. Guigal 酒莊有「隆河酒王」美譽。

Condrieu AOC 產區在北隆河酒區中非常獨特，全區只生產一款白葡萄，以 100% Viognier 釀造葡萄酒。E. Guigal 酒莊始於 1946 年，是隆河谷區最出名的酒莊之一，有「隆河酒王」美譽。旗下最知名的酒系列來自 Côte Rôtie 產區，包括 La Landonne、La Turque 及 La Mouline，別稱「La La La」或「La Las」，曾多次獲國際酒評人評為 100 分（滿分），足見酒莊造酒技術高超。酒莊的葡萄園全部使用有機肥料，葡

萄酒發酵不添加人工酵母，儘量減少人為的因素干擾發酵和陳釀過程。此白酒來自 Condrieu 產區，以 100% Viognier 釀造，葡萄來自約 30 年的葡萄藤，泥土以沙土及花崗岩石為主，以 100% 新木桶陳釀。我喜歡 Viognier 白酒，圓潤而充滿花香及果香。而這酒莊相當知名，優雅而平衡，值得試試。

◎ **品酒體驗** ◎

此白酒有非常漂亮的淡金黃顏色，香氣四溢，帶香濃的白花、蜜糖、白桃和礦物等香氣。100% 陳釀於新木桶，口感圓潤，果香四溢，帶柑橘、雲呢拿、桃駁李、白桃及礦物等味道等，酸度適中，以果香和花香取勝，非常易入口，相當優雅。

◆ **食物配搭** ◆

一般配搭海鮮、凍肉拼盤、白肉或帶奶油汁醬的食物都相當合適。我建議可配搭黑松露炒蛋，黑松露香氣為白酒帶來更多層次，帶出更多土壤氣息及草本植物香氣，白酒亦為炒蛋帶來清新氣息，互相輝映。

Maison Tardieu-Laurent Hermitage 2014

Maison Tardieu-Laurent 出產的葡萄酒帶法國布爾岡風格。

Hermitage AOC 亦屬北隆河的重點產區之一,葡萄酒風格帶多點結構與層次,亦是認識隆河谷酒區的紅酒時,不可忽視的產區。生產以紅酒為主,以 Syrah 葡萄釀造,亦有少量白酒,以 Marsanne 及 Roussanne 葡萄釀造。此酒出自法國隆河谷區的頂級精品酒商之一,始於 1996 年,帶法國布爾岡風格。他們的葡萄酒都以生物動力法(Biodynamic)種植,產量少。此酒以 Syrah 葡萄釀造,陳釀於不同新、舊木桶 12 個月,之後再放於大木桶陳釀 12 個月,屬精品葡萄酒。

◎品酒體驗◎

此酒帶漂亮的深紅寶石顏色。帶有紫花和乾玫瑰香氣,單寧入口順滑而具層次,帶黑莓、藍莓、白胡椒、橡木、甘草及甜香料等味道,餘韻悠長。

◆食物配搭◆

一般配搭紅肉及濃汁醬的食物,我在節目中配了「吉列 A3 和牛西冷」,紅酒的酸度減去了和牛西冷的油膩感,同時亦令紅酒散發出更多土壤及烤烘味道,令香料味更為突出,牛肉味更出眾!

Château de Beaucastel Coudoulet de Beaucastel Côtes du Rhône 2018

Côtes du Rhône AOC 法定產區佔整個隆河谷酒區逾 50% 生產
量，85% 為紅酒，其餘是白酒及粉紅葡萄酒。酒莊位於教皇新
堡（Châteauneuf-du-Pape），始於 1549 年，是此產區最出名及
歷史悠久的酒莊之一。此酒乃 2018 年份葡萄酒，屬於 Côtes
du Rhône 葡萄酒，葡萄田位於 Coudoulet，在教皇新堡旁邊。
除了主要的 Grenache 葡萄外，還用了 Syrah、Mourvèdre 及
Cinsault 等葡萄混釀，口感複雜，有「Baby Châteauneuf-du-
Pape」之稱。我覺得這款教皇新堡旁的 Côtes du Rhône 性價
比高，值得推介。

◎ **品酒體驗** ◎

酒色呈紅寶石色，帶紅莓、士多啤梨、紫花、橡木和雲呢拿等香氣，果香
四溢，味道有紫花、紅莓、士多啤梨、橡木、烤烘、甘草、土壤氣息和煙
葉等味道，酸度高，優雅而帶活潑的果香。

◈ **食物配搭** ◈

一般配搭紅肉凍肉拼盤及芝士等，我建
議可配搭蒜蓉鮮蝦春卷，果香令春卷內
的鮮蝦味更突出，亦減低了油膩感，而
春卷亦帶出更多的活潑紅果香。

M Chapoutier, Châteauneuf-du-Pape Rouge Collection Bio 2016

Châteauneuf-du-Pape AOC 是隆河南部最著名的產區，出產可以使用最多 18 種法定葡萄混釀的酒款，以 Grenache 葡萄為主，紅酒佔 95% 產量，白酒佔約 5%。紅酒酒體豐滿，年輕時強勁有力，陳年後單寧順滑而帶複雜層次。此酒莊是酒商亦是酒莊，是隆河谷區最古舊的酒莊之一，成立於 1808 年，於教皇新堡區內擁有多個優質葡萄園，在 1989 年開始逐漸改變成為生物動力法酒莊。此酒乃 2016 年份，以 Grenache 葡萄為主，再入橡木桶陳釀 15 至 18 個月，屬生物動力法葡萄酒。要了解隆河南部的酒，必試教皇新堡的葡萄酒，以生物動力法去釀酒亦值得支持。

◎ 品酒體驗 ◎

酒色呈深紅寶石色，帶橡木、烤烘、黑莓、黑莓果醬、礦物和黑胡椒等香氣，酸度高，入口帶有黑莓、黑莓果醬、烤烘、雲呢拿、香料和黑胡椒等味道，單寧優雅而有力，尾段帶土釀氣息，層次複雜。教皇新堡可陳年享用，陳年後會帶出更多乾果、乾草本植物的味道之餘，還會輕漫皮革香氣。

◆ 食物配搭 ◆

比較厚身的紅酒，可配搭紅肉或醬汁濃烈的食物。我在節目中選了蒜片和牛粒，紅酒的酸度中和了和牛的油膩感，而且令牛味更加濃郁，酒內的胡椒與菜式的蒜頭香料得到提升，而香料亦令酒內果香更加爆發。

2.6 最為人熟悉
意大利奇揚第及經典奇揚第

Chianti 當地店鋪出售的紅酒，充滿果香，容易入口。

跳出法國，來到另一個葡萄酒大國 — 意大利。說到意大利，喜歡喝葡萄酒的朋友，必定會認識奇揚第及經典奇揚第酒區（Chianti 及 Chianti Classico）。這兩個產區都是意大利為人熟悉的葡萄酒區，位於意大利中部 Tuscany，主要種植葡萄為 Sangiovese，均屬 DOCG 級別。我學習意大利葡萄酒，就是由這裡開始的，因為實在太容易在餐牌上看見它，充滿紅果香、香料及車厘子香氣，容易入口。

還記得我去意大利參加歐洲最大型的酒展 Vinitaly 時，印象最深的就是去 Chianti Classico 產區的展位試酒。當時是早上九點，只有一個小時，便試了來自不同酒莊的 20 款 Chianti Classico 紅酒！誰說意大利人好 chill，好慢活？試酒時另當別論。這酒區的酒酸度明顯比較高，一大早便試了 20 款紅酒的體驗是：原來紅酒的酸度真的會把你喚醒，比一杯 Espresso 還有效！

在意大利參加歐洲最大型的酒展
Vinitaly，適逢其 50 周年紀念。

Frescobaldi 酒莊的葡萄田，出產的葡萄酒有品質保證，性價比高。

Chianti 及 Chianti Classico 酒區風土

位於意大利中部 Tuscany，概括而言屬於大陸性（Continental）氣候，有炎熱的夏天和寒冷的冬天，夏天時間比較長。雖然意大利很多酒區都有種植 Sangiovese 葡萄，但 Chianti Classico 的 Sangiovese，被公認為最好的出品。因為地理上有着獨特土壤岩石（Galestro）和泥灰土（Marl），以及種植於山坡等優勢，所釀造出來的葡萄酒，果香及層次都與其他地區不同。

以下分享三款在節目中介紹過的 Chianti 及 Chianti Classico 不同級別的葡萄酒，以不同級別去感受其不同韻味。

///// 精選推介 /////

Frescobaldi Nipozzano Riserva Chianti Rufina DOCG 2018

Chianti subzones 中最出名是 Chianti Rufina，葡萄酒的質量之高可媲美 Chianti Classico 產區。Frescobaldi 家族酒莊，是意大利最大及最著名酒莊之一，家族承傳至今已 30 多代，歷史悠久。此酒年份是 2018 年，屬於 Chianti DOCG Riserva 級別葡萄酒，意思是葡萄酒最少陳釀 24 個月才可出廠。這個酒莊的出品對我而言是十分穩陣之選，品質有保證，有時你出外用膳未必會在酒單看到你喜歡的意大利葡萄酒，但是如果你看見這個酒莊的名字在酒單上，都可以考慮，性價比高。

◎ 品酒體驗 ◎

酒色呈紅寶石色，香氣四溢，帶紫花、紅車厘子、紅莓、及烤烘等香氣。充滿活潑果香，單寧順滑，還帶黑莓、紅布冧、紅車厘子、橡木及尤加利葉等味道，酸度高，散發著土壤氣息，餘韻適中。

◆ 食物配搭 ◆

此酒充滿果香及酸度，配帶點酸味的食物很夾，例如蕃茄肉醬意粉或蕃茄莎樂美腸薄餅等。如果配中菜的話，可以試咕嚕肉，紅酒的酸度可減去炸物的油膩，同時甜酸汁亦能帶出更多紅車厘子、紅布冧和香料等香氣。

Antinori 家族酒莊歷史悠久，是意大利最大的酒莊之一。

Villa Antinori Chianti Classico Riserva DOCG 2018

這款酒屬於 Chianti Classico Riserva 級別，即最少以 80% 的 Sangiovese 葡萄釀造，在木桶中陳釀最少 24 個月或以上才可入瓶，入瓶後還要靜待最少 3 個月才推出市場。酒莊始於 14 世紀，Antinori 家族承傳至今已 26 代，歷史悠久，是意大利最大及最著名酒莊之一，旗下葡萄酒常見於國宴、領事館及高級酒店中，用以招待貴賓。家族旗下擁有不同酒莊及系列，Villa Antinori 是其中之一，1928 年開始生產，位於 Chianti Classico DOCG 產區，亦有近百年歷史。喜歡意大利葡萄酒的酒友，對 Antinori 家族的名酒一定不會陌生，這性價比高的 Riserva 值得一試。

◎品酒體驗◎

酒色呈紅寶石色，充滿香料、紅果及橡木等香氣。入口順滑優雅，帶有紫花、黑莓、黑布冧、黑橄欖、紅莓、橡木、香料、雪茄葉、薄荷葉及土壤氣色等味道，酸度高，單寧順滑而尾段有力，餘韻悠長。

◆食物配搭◆

Chianti Classico 葡萄酒屬高酸度，最適合配紅肉或味道濃郁的食物，如陳年芝士或紅酒牛尾等。中菜亦有很多選擇，如味道濃郁的梅菜扣肉，酸度能減去腩肉的油膩感，而梅菜扣肉亦令酒內的土釀氣息及果香發揮得更淋漓盡致，同時減低酒的酸度，增加胃口繼續食、繼續飲。

Ruffino Riserva Ducale Oro-Gold Chianti Classico Gran Selezione DOCG 2017

如果要了解這酒區，當然要一試最高級別 Gran Selezione 的葡萄酒。此酒屬 Gran Selezione 級別，意思是最少以 80% 的 Sangiovese 葡萄釀造，需於木桶中陳釀最少 30 個月或以上才入瓶，入瓶後要最少靜待 3 個月才推出市場。Ruffino 酒莊成立於 1877 年，於 1890 年更成為意大利皇室的官方供應商之一，多年來贏得不少國際獎項，更是 Chianti 及 Chianti Classico 最著名的酒莊之一。此酒乃 2017 年的葡萄酒，這系列只有在最出色的年份才生產，以人手採收葡萄，並於橡木桶、大缸桶及水泥桶陳釀最少 36 個月。要了解頂級 Chianti Classico 的質素，這是不二之選。

◎ 品酒體驗 ◎

酒色呈帶深紅寶石色兼帶少許茶色邊，香氣撲鼻而具層次，入口順滑，帶有紫花、黑布冧、黑莓、紅莓、橡木、黑橄欖、雪茄、甜香料、礦物及可可豆等味道，還散發著土壤氣息，餘韻悠長及帶少許鹹味。

◆ 食物配搭 ◆

以 Chianti Classico 配以蒜片和牛粒，和牛雖有豐富的油脂，但葡萄酒的酸度可減去油膩感，令牛肉味更感濃郁之餘，而和牛又能誘發酒內更多果香。

2.7　火山葡萄酒　意大利西西里島

後方是西西里島的活火山 Mount Etna，前方是葡萄田。

如果問意大利近年流行甚麼葡萄酒？我的答案是意大利西西里島（Sicily）的火山葡萄酒。西西里島被譽為「地中海布爾岡」，當地活火山 Mount Etna，泥土中的礦物質含量較高。以火山泥種出來的本土葡萄風味獨特，為西西里島葡萄酒帶來煙熏、鐵鏽及礦物等味道，相當特別。

位於意大利南部的西西里島,是地中海最大的島嶼,亦是意大利的自治區,風光明媚,充滿地中海風情。如果想找一瓶特別的葡萄酒和親友分享,相信西西里島葡萄酒絕對夠 cult,火山酒極具話題性,值得一試。我喜歡這個酒區,白酒清爽之餘帶來煙熏、礦物的味道,紅酒優雅而帶點後勁,還有一點煙熏、鐵鏽的味道,與別不同。以下分享三款在節目中介紹過的西西里島葡萄酒,包括一款白酒及兩款紅酒,一起感受地中海的風情。

西西里島酒區風土

西西里島屬地中海氣候,日夜溫差和海面反射的陽光為葡萄提供最佳的生長環境。葡萄田位於高海拔,平均有 300 至 1200 米的高度。當地仍然有活火山 Mount Etna,土壤主要為火山泥土,充滿豐富火山礦物質,非常適合出產酸度高及風格獨特的葡萄酒。而在平原地區的土壤較多沖積土壤,並受海洋影響,酒體平衡優雅。

主要級別

西西里島共有一個 DOCG 產區和 23 個 DOC 產區,充分表達西西里島葡萄酒的獨特個性。主要本土白葡萄品種包括 Grillo、Carricante、Inzolia 和 Catarratto 等。而主要本土紅葡萄品種包括 Nero d'Avola、Frappato 和 Nerello Mascalese 等。

///// 精選推介 /////

Al-Cantara Occhi di Ciumi DOC 2019

Al-Cantara 酒莊的葡萄田。

來自 Etna DOC 酒區，酒莊認為美酒就像一首詩，所以把它化身成藝術，以畫像為酒標，十分特色。此白酒以 Carricante 及 Grecanico 兩種葡萄釀製，少量生產，只有約 12000 瓶。葡萄採收自海拔 620 米以上，日夜溫差濃縮了葡萄的味道，帶來平衡的酸度，屬於有機葡萄酒。此白酒陳釀於鋼桶 6 個月，再入瓶 3 個月後才出廠。如果你喜歡重礦物味及帶點煙燻味的清爽白酒，這款酒一定合你。

◎ 品酒體驗 ◎

酒色呈清澈的稻草黃色，芳香濃郁，帶白花、檸檬、柑橘及熱帶水果等香氣。清新而層次複雜，充滿果香，帶海鹽、礦物及煙燻等味道，酸度高而平衡，餘韻清爽。

◈食物配搭◈

充滿礦物味的清爽白酒，可配搭海鮮拼盤。層次複雜的白酒其實亦可以配較濃味食物，如果配中菜，我會建議配搭黃金蝦球。充滿礦物味的白酒可提升蝦球和鹹蛋黃的鮮味，令蝦味更甜及蛋黃味更香，而酸度可減去油膩感，同時食物亦提升白酒的熱帶水果香。

Benanti Contrada Cavaliere Etna Rosso DOC 2017

來自 Etna DOC 酒區，此紅酒以來自 50 年老樹藤種植的奈萊洛（Nerello Mascalese）葡萄釀造，葡萄採收自海拔 900 米以上帶火山石的葡萄園，陳釀於法國橡木桶 12 個月，具複雜層次和香氣。這紅酒除了帶優雅果香及香料等味道，還帶有這島的特色煙熏及鐵銹味。雖然不是每個人也喜歡這鐵銹風格，但我覺得這味道很特別，很有趣，給紅酒帶來另一種色彩。

◎品酒體驗◎

酒色呈明亮的紅寶石色，香氣四溢，帶鐵銹、紅莓、煙熏、乾香草和紫花等香氣，味道優雅而具層次，帶車厘子、黑莓、煙絲、雪茄葉、柑橘皮、香料、甘草及礦物等味道，後勁有煙熏味及黑果味。

Contrada Chiappemacine IGP
Tenuta di Passopisciaro 2016

Tenuta di Passopisciaro，種植 Nerello Mascalese 葡萄。

來自 Etna DOC 酒區，莊主在意大利的 Tuscany 和 Sicily 分別設有精品酒莊，而在 Sicily 的酒莊始於 2000 年。以 100% Nerello Mascalese 葡萄釀造，葡萄田位於海拔約 550 米，屬單一葡萄田。這裡的土壤夾雜岩漿和石灰層，令葡萄酒有豐滿圓潤的性格，年產約 4000 瓶，十分限量。跟上一款紅酒一樣，以 Nerello Mascalese 葡萄釀造，由於海拔不一樣、微氣候分別、年份不一樣及酒莊釀酒方式等種種不同因素，你會感受到這款紅酒優雅得來會帶多點粗獷感，給你帶來另一種地中海風情。

◎品酒體驗◎

此酒香氣四溢而具層次，帶烤烘、鐵銹、甘草、紅莓、紫花、香料及乾果香氣。單寧幼滑而有後勁，入口帶礦物、橡木、成熟紅車厘子及煙燻等味道，餘韻悠長。

◆食物配搭◆

西西里島紅酒的食物配搭很廣闊，由凍肉拼盤到濃味海鮮，多款肉類皆可。如果配搭中菜，可以考慮走油元蹄。紅酒可減去元蹄的油膩感，同時帶上絲絲煙熏香及紅果香，同時亦令紅酒的甜香料、橡木及熟紅果等味道更突出。

2.8 王者風範 意大利巴羅洛

位於意大利西北部的小鎮Barolo。

要認識法國葡萄酒，不能不試波爾多葡萄酒；要認識意大利葡萄酒，就
不能不試巴羅洛（Barolo）葡萄酒，又被稱為意大利「葡萄酒之王」。位
於意大利西北部Piedmont，Barolo以100%當地本土葡萄Nebbiolo釀造，
是DOCG級別，法規最少於酒莊陳釀3年，而Riserva級的Barolo則最少
要陳釀5年。

Barolo紅酒高酸度、單寧較重，帶紅果、花香及乾香草等複雜而具層次的味道，而且越陳年越帶出更多迷人風韻，深得酒迷及收藏家愛戴，「意大利酒王」實至名歸。年輕時（新年份的Barolo）非常有衝勁（充滿活力和果香）、強壯（重單寧）及帶點固執（需要開瓶醒酒數小時才開始醒）的男生，隨着年月增長（舊年份的Barolo），固執減退了（單寧順滑了），變為更有閱歷和味道（酒香更多層次）的男人。如果你問我喜歡年輕還是成熟的男人？小孩才做選擇，我比較貪心，總之是意大利酒王，年輕還是成熟，通通都想要！以下分享三款我在節目中介紹過的Barolo葡萄酒，來自不同酒莊及不同年份，可以更了解Barolo的不同風韻。

Barolo 的風土

Barolo本身是一個村鎮的名字，亦是DOCG級別的葡萄酒，但不是只有Barolo才可出產Barolo葡萄酒，法定共11個地區可出產Barolo葡萄酒。以100% Nebbiolo葡萄釀造，在Piedmont的葡萄田一般會選擇向南或西南，種植在170至500米高的山坡上。地理位置屬於大陸性氣候（continental climate），擁有和暖夏天及寒冷冬天。由於葡萄品種屬於早開花及熟成較晚的類別，同時需要較多的陽光，生長周期較長，所以吸取的養份和礦物質也特別多，帶出葡萄酒更多複雜的層次。

Barolo 級別及法規

Barolo屬DOCG級別，法定釀造時間不可少於38個月，而其中的18個月必須陳釀於木桶中。至於Barolo Riserva級別的法定釀造時間更長，不可少於62個月，其中的18個月必須陳釀於木桶中。

///// 精選推介 /////

Pio Cesare Barolo DOCG 2017

Pio Cesare 酒莊位於意大利北部 Alba，出產經典的 Barolo 葡萄酒。

Pio Cesare 酒莊歷史悠久，1881 年成立至今已逾 140 年，絕對是老字號酒莊。酒莊位於意大利北部 Alba，出名釀造經典的 Barolo 葡萄酒。2017 年亦屬好年份，此年份酒獲不少國際酒評人給予相當高分，而著名酒評人 James Suckling 更給了 96 分。此葡萄酒曾於法國橡木桶及大橡木桶陳釀三年，屬 DOCG 級別。這是我很喜歡的意大利酒莊之一，尤其欣賞其歷史悠久，是最早釀造 Barolo 的酒莊之一，帶經典 Barolo 風格，是我推介中必試的 checklist。

◎品酒體驗◎

酒色呈深紅寶石顏色，香氣撲鼻，帶有紫花、乾玫瑰、紅莓及一點煙燻香氣。酒體具層次而有力，帶有礦物、紅莓、黑莓、橡木、煙燻、煙草、甘草、土壤、香料等味道，並有少許可可豆及乾香草的回甘，餘韻十分悠長。酸度高，單寧優雅而有力。有意大利酒王之稱的 Barolo，絕對可以收藏 25 至 30 年或以上。我喜歡這老字號酒莊的精細，可現在醒酒後品嚐，亦可收藏數十年後品嚐，非常平易近人。

Gaja Barolo Dagromis 2016

喜歡喝意大利葡萄酒的人，都會認識意大利著名傳奇酒莊 Gaja，有「意大利 Lafite」之稱，意思是可跟法國一級波爾多酒莊 Château Lafite Rothschild 媲美。酒莊始於 1859 年，其第 4 代莊主 Angelo Gaja 常被形容為意大利釀酒產業現代化的背後推手之一，亦獲評選與 Baron Philippe de Rothschild 及 Robert Mondavi 一同並列為「20 世紀對葡萄酒界最具影響力的三大人物」。酒莊位於 Piedmont 內的 Langhe 產區，Barolo 是旗下的著名酒款之一。此酒亦是 DOCG 級別，屬 2016 年年份酒，而這年份是 Barolo 的極佳年份，值得收藏。此酒獲多個酒評人高度評分，包括 Robert Parker 給予 96 分。此酒最初於橡木桶陳釀 12 個月，然後再混釀於大木桶陳釀 18 個月。如果法國葡萄酒你要認識 Château Lafite Rothschild 的話，那意大利葡萄酒當然要認識 Gaja 酒莊，試其經典 Barolo 之餘，亦要試旗下最經典的 Barbaresco 葡萄酒。

意大利著名傳奇酒莊 Gaja，
有「意大利 Lafite」之稱。

◎ 品酒體驗 ◎

酒色呈深紅寶石顏色，香氣四溢，帶有乾玫瑰花、礦物、土壤、一點煙
熏、紅莓及茶葉等香氣，充滿層次。入口順滑，優雅而有力的一支紅酒，
帶礦物、紅莓、茶葉香、乾櫻桃、煙草、甘草、橡木、玫瑰、紫花及香料
等味道，尾段單寧質感厚而帶層次，餘韻悠長。

Elvio Cogno Bricco Pernice Barolo 2015

Elvio Cogno 曾連續五屆獲雜誌評為「年度酒莊」。

位於 Piedmont 的 Novello，此酒莊歷史在舊世界葡萄酒界別中不算久，家族四代為釀酒師，直至 1990 年 Elvio Cogno 先擁有自己的莊園。屬 DOCG 級別。此葡萄酒獲得多個酒評人高度評價，包括 Robert Parker 評此酒為 96 分。酒莊曾連續五屆獲得著名葡萄酒雜誌 Wine & Spirits Magazine 頒發「年度酒莊」（Winery of the Year）。此酒曾入大橡木桶陳釀 24 個月，入瓶後放在酒莊靜候 18 個月以上才出廠，年產約 5000 瓶。如此少量，又獲獎無數，值得一試。

◎品酒體驗◎

酒色帶深紅寶石顏色，香氣優雅而有力，充滿花香，還帶玫瑰花、茶葉、甜香料、野莓等香氣。單寧結實，入口帶紅莓、紫花、土壤、茶葉、甘草、紅車厘子及肉桂等味道，餘韻悠長。

◆食物配搭◆

Barolo紅酒配意大利牛膝、意式牛肚或白松露菜色都很合適。不過有沒有試過用Barolo紅酒配韓式美食？我在節目中配搭過。建議試配蟹肉煎餅蛋卷，紅酒的酸度及紅果香氣，提升蛋卷的蟹肉香及蛋香，令味道更濃郁，同時食物亦令紅酒的土壤氣息更爆發出來，帶出更多甘草、松露、甜香料及土壤等味道。又或者配辣炒年糕及炸紫菜粉絲卷，年糕帶出更多紅酒的果香及香料味道，黑胡椒的辛辣味亦散發出來。單寧豐厚，所以配上韓式辣味食物，亦不會令紅酒變得太薄。

2.9　非一般　意大利托斯卡納

Super Tuscan 以非傳統方法釀製葡萄酒，為意大利葡萄酒寫下新一頁。

位於意大利中部，托斯卡納（Tuscany）是意大利非常著名的葡萄酒產區之一。該區紅酒傳統以 Sangiovese 為主要釀酒葡萄，出名產區有 Chianti 及 Brunello di Montalcino 等，亦有生產白酒、粉紅葡萄酒及甜酒等。此區共有 11 個 DOCG 及 41 個 DOC，其他非本土葡萄釀造的葡萄酒，以往一直不可冠名產區或列為 DOC 及 DOCG 級別。不過，這個章節主要想分享的是「Super Tuscan」。

超級托斯卡納

「Super Tuscan」於 70 年代起漸漸壯大，意大利酒區法例於 1992 年正式加了 IGT 級別，讓酒莊可以用非本土葡萄（如 Merlot、Cabernet Sauvignon、Sauvignon Blanc）或用非傳統方式釀造紅、白酒。由於 Super Tuscan 葡萄酒實在太出名，一提起 Tuscany / Toscana，大家便會想起它，為意大利葡萄酒寫下新一頁，並令意大利葡萄酒在國際葡萄酒舞台上閃閃生輝。

我覺得這個打破傳統、不再循規蹈矩只做本土葡萄酒的行徑很有型，有利百花齊放，讓大家知道意大利釀造非傳統的托斯卡納葡萄酒也很出色。我在此分享三款曾在節目中介紹過的非傳統托斯卡納葡萄酒，包括一款白酒及兩款紅酒，有近年冒起的較新酒莊，又有歷史悠久的經典酒莊，可以感受非一般的托斯卡納葡萄酒。

托斯卡納酒區風土

托斯卡納主要為地中海氣候，夏天炎熱乾燥，冬天溫和及有雨，日夜溫差較大，對於葡萄生長絕對有優勢，可以種出平衡而果香濃郁的葡萄。葡萄藤多是種植於連綿起伏的山丘上，有多種土壤，包括石灰岩 (limestone) 及黏土 (clay)，另外還有非常適合 Sangiovese 葡萄生長的泥灰質黏土 (galestro) 等。

主要級別

　　意大利葡萄酒主要分四個級別，由低至高包括 Vino da Tavola、IGT（Indicazione Geografica Tipica）、DOC（Denominazione di Origine Controllata）及 DOCG（Denominazione di Origine Controllata e Garantita）。法定級別為了保護傳統，只容許用本土特有葡萄品種造酒、規定釀造方式、陳釀時間等。雖令質量得到保障，但同時亦限制了釀酒師可以發揮的空間。好在有「Super Tuscan」的出現，誕生了 IGT 級別，這並不代表它的質素比 DOC 或 DOCG 差。這級別界定可以用非傳統葡萄或風格釀酒，令釀酒師可以有更大空間去釀造不同風格的葡萄酒。坊間已視 Super Tuscan 為高質量的意大利酒認證。

///// 精選推介 /////

Bibi Graetz Casamatta Bianco 2020

Bibi Graetz 是酒莊莊主名字，也是酒莊名，本是一位藝術家，亦是釀酒師，鍾情於葡萄酒，2000 年成立自己的酒莊。酒莊位於佛羅倫斯東北部的 Fiesole。隨性的他不甘跟隨意大利傳統釀酒法規，以有機耕種管理舊葡萄藤，人手採收葡萄，用非傳統手法釀酒，就連酒標也是用畫作表達，非常有個性。此酒是 2020 年份酒，選用意大利白葡萄混釀，有 60% Vermentino、30% Trebbiano 及 10% Ansonica，在不銹鋼酒缸陳釀 3 個月後入瓶，以保持海洋風味及果香新鮮度。

如果要試非傳統的托斯卡納葡萄酒，Bibi Graetz 的葡萄酒一定在我的 checklist 上面。我欣賞莊主的藝術細胞及自我，沒有讀過葡萄酒釀造課程，而是憑自己對大自然的敏感度同創意，選擇老樹藤的本土葡萄，套用自己的風格，為意大利葡

Bibi Graetz 酒莊的葡萄田採用有機耕種，並以人手採收葡萄。

酒帶來新的演繹。每款酒的酒標也是一幅畫，如果你的朋友喜歡藝術，帶一瓶 Bibi Greatz 的葡萄酒和朋友分享，一定很開心。

◎ 品酒體驗 ◎

酒色呈檸檬黃色，果香出眾，帶有香梨、蘋果、白桃、柑橘、檸檬皮和礦物等香氣。入口清爽，果香怡人，礦物味突出，充滿海洋風味，還有白花、白桃、蘋果、柑橘、檸檬皮和蜜糖等味道。我喜歡這白酒清新而具層次，帶果香及海洋風味，令人聯想到意大利的陽光與海灘，充滿意大利風情。

◆ 食物配搭 ◆

充滿礦物味道的白酒，很適合配搭海鮮，令鮮味提升。建議可配涼伴海蜇，清爽的海蜇配白酒，帶出更多白酒的白花、白桃及蘋果等香氣。

Petra Potenti IGT Toscana 2018

Petra 酒莊以國際葡萄品種來釀製葡萄酒,屬精品酒莊。

Petra 酒莊始於 1997 年,由女莊主 Francesca Moretti 主理,屬精品酒莊,喜歡以國際葡萄品種來釀製葡萄酒,出產精品 IGT Toscana 葡萄酒。酒莊位於 Livorno 南部沿海的 Val di Cornia 產區,酒莊奉行有機耕種,選用 100% Cabernet Sauvignon 葡萄釀製,在橡木桶陳釀 18 個月,入瓶後在酒莊靜候最少六個月才推出市場。這款紅酒卻沒有傳統 Cabernet Sauvignon 的「大隻」感覺,而是比較溫柔但有力。我想這是釀酒師及女莊主對這款葡萄的演繹,好像男生不一定都是「大隻」的,也有文質彬彬的類型。

◎品酒體驗◎

酒色呈深紅寶石顏色，香氣四溢，橡木味道突出，還帶有紫花、可可豆、香料、黑莓和黑布冧等香氣。入口順滑，單寧優雅而有力，酸度夠，有乾紫花、橡木、土壤氣息、香料、甘草、黑莓、黑布冧和黑胡椒等味道，餘韻帶有甘草香氣，久久不散。

◆食物配搭◆

由於這款超級托斯卡納紅酒十分具層次，適合配濃味的食物，例如牛扒、羊架、燒鵝等。我在節目中配了茶燻雞，茶燻味道令紅酒內的香料及甘草香氣更加爆發，而紅酒的土壤氣息亦誘發了更多的茶燻味，互相輝映。

Gaja Ca'Marcanda Magari 2018

位於 Langhe 山脈，Gaja 酒莊始於 1859 年，是不可不試的意大利酒莊之一。第四代莊主 Angelo Gaja 個性反叛及創新，改變傳統種植及陳釀本土葡萄的方法，引入法國葡萄品種，打破傳統酒莊的框架，是 Super Tuscan 其中一名重要成員，同時將意大利葡萄酒帶到國際大舞台，獲獎無數。這是 2018 年年份酒，選用 Cabernet Sauvignon、Cabernet Franc 和 Petit Verdot 等葡萄混釀，曾陳釀於法國橡木桶 12 個月，獲著名酒評 Robert Parker's Wine Advocate 評 94 分。我曾與幾位 Gaja 家族成員見面，包括在酒展和 Angelo Gaja 的女兒做過訪問，她分

享家族葡萄酒時如數家珍,十分熱
愛她的工作。另外曾在 2018 年跟
Angelo 和他兒子 Giovanni 會面,
他將會是第五代的接班人,非常
年輕有為及謙厚。至於 Angelo,
我訪問他時已年屆 78 歲,仍然精
力充沛,腦袋轉數很快。他的養生
之道就是每天中午及晚上吃飯時
喝一杯優質葡萄酒,其餘時間不喝
酒。我希望老了也可以像 Angelo
般繼續每日喝酒!

與 Angelo Gaja 及他兒子 Giovanni Gaja
會面及做訪問。

◎ 品酒體驗 ◎

酒色呈深紅寶石顏色,香氣具層次,帶有橡木、烤烘、紫花、紅布冧、紅
車厘子、黑莓、香料和草本植物等香氣。優雅而具層次,酸度高,帶有紫
花、橡木、烤烘、礦物、香料、甘草、黑莓和紅果等味道,餘韻帶甘草味
道之餘,仍能感受到果香及單寧在口中縈繞不散。

◇ 食物配搭 ◇

我在節目中以這超級托斯卡納紅酒配荔芋
扣肉,紅酒令扣肉和芋頭的香味得以提
升,同時酸度亦減退了菜式的油膩感,
反之豬肉油香令酒內的果香及甘草香氣
更澎湃。

2.10 平易近人 西班牙

西班牙是世界三大釀酒國家之一。

我最初跟爸爸學喝酒，當然是從舊世界最出名的法國葡萄酒開始。到我去加拿大讀書時，想認識更多舊世界葡萄酒的風格，但作為學生，沒有太多零用錢，不能購買著名的波爾多葡萄酒，怎麼辦？有前輩提議先試價錢比較平易近人的西班牙葡萄酒，來感受舊世界葡萄酒的風韻，了解陳年葡萄酒所帶出的味道，跟新年份的葡萄酒有何層次的分別。

西班牙其實是世界三大釀酒國家之一*，另外兩個是法國及意大利。西班牙有多個葡萄酒產區，重要產區包括 Rioja、Ribera del Duero 及 Priorat

* 資料來源：https://worldpopulationreview.com/country-rankings/wine-producing-countries

等，紅酒主要釀酒葡萄有 Garnacha、Tempranillo 等，白酒主要葡萄有 Albariño、Macabeo 等。要深入了解西班牙葡萄酒，可以從每個重要產區試起。我比較貪心，想以不同酒款讓你一次過遊「酒」西班牙。以下分享三款我在節目中介紹過的西班牙葡萄酒，包括一款 Cava 有氣酒、一款白酒及一款紅酒。

西班牙酒區風土

　　西班牙擁有沿海及內陸地區，因此不同產區的風土氣候都不同，釀造出來的葡萄酒風格亦各具特色。地理位置屬於偏涼氣候的產區，在西班牙北面及西北一帶，適合出產清爽的白酒，例如 Rías Baixas 產區。至於地理位置屬於偏暖氣候的內陸產區，天氣相對比沿海乾燥，適合出產中度酒體及充滿果香的紅酒，例如 Rioja 及 Ribera del Duero 產區。至於東北面較高地區，例如 Penedès，出名以白葡萄用來釀製西班牙有氣酒 Cava。

主要級別

　　西班牙葡萄酒一般陳釀在木桶的時間比較長，因為有法定的陳釀級別，包括 Joven、Crianza、Reserva 及 Gran Reserva。Gran Reserva 級別為最高，紅酒最少在酒莊陳釀 5 年，其中最少有 18 個月在橡木酒桶中窖藏。白酒或粉紅葡萄酒最少在酒莊陳釀 4 年，其中最少 6 個月在橡木酒桶中窖藏。另外亦有產區的級別，包括 VT (Vino de la Tierra)、VC (Vino de Calidad con Indicación Geográfica)、DO (Denominación de Origen)、DOCa (Denominación de Origen Calificada) 及 VP (Vino de Pago)。

///// 精選推介 /////

Segura Viudas Reserva Heredad Cava NV

Segura Viudas 酒莊獲獎無數。

要認識西班牙葡萄酒，不可以不試西班牙的Cava有氣酒。Cava是採用「香檳釀造法」（Méthode Champenoise）釀造的西班牙有氣酒，與法國香檳區釀造香檳的方式一樣，經過二次瓶內發酵，並獲得西班牙葡萄酒分級制度中的DO認證。Cava分為四級：Cava、Reserva Cava、Gran Reserva及Cava Paraje Calificado，主要選用三種當地白葡萄品種釀製，包括Macabeo、Parellada及Xarel-lo。普通Cava需要陳釀至少

9 個月；Reserva Cava 就需要 15 個月；Gran Reserva 不但要陳釀 30 個月，而且必須是年份 Cava；Cava Paraje Calificado 則需要陳釀至少 36 個月，還要出產自單一葡萄園、單一年份、不小於 10 歲的葡萄藤，非常珍貴。

Segura Viudas 的葡萄田位於 Penedès 產區，獲獎無數，此有氣酒屬 Reserva 級，於瓶中陳年超過 24 個月，並以 Macabeo 及 Parellada 本土葡萄釀製，優雅而層次複雜。這支 Cava 酒瓶的設計亦相當有份量及特色。朋友找我推介價錢相宜的有氣酒時，我通常都會選 Cava，因為它採用香檳製法，但港幣 \$200 以下已經可以買到一瓶有水準的出品，性價比高。

◎ 品酒體驗 ◎

此酒呈淡金黃色，氣泡綿密而具層次，果香四溢，帶有白花、蜜糖、烤烘、牛油麵包、香梨及檸檬等味道，果香平衡，餘韻適中。

◆ 食物配搭 ◆

如果你問西班牙人 Cava 有氣酒配甚麼食物最好？他一定答是西班牙黑毛豬火腿。我亦非常同意，西班牙 36 個月黑毛豬火腿油香豐富，帶濃郁的火腿鹹香，配上 Cava 有氣酒，酸度可減去油膩感，同時將火腿的鮮味提升，又帶出酒中更多果香及果仁香氣。

Casa Rojo La Marimorena 2018

雖然西班牙屬於舊世界國家，有很多歷史悠久的酒莊，但也有
出色的新派酒莊。此酒莊由一群釀酒師、侍酒師和葡萄酒愛好
者組建而成。雖然成立年資不算久，但已是世界知名。優異
的酒質、獨特的酒標設計，讓酒莊屢獲殊榮。此酒莊在 2009
年成立。此白酒來自盛產白酒的 Rías Baixas 酒區，以 100%
Albariño 本土葡萄釀造。不一定歷史悠久的酒莊的葡萄酒先
是好酒，這西班牙新星的葡萄酒亦值得一試。

◎品酒體驗◎

白酒以 100% Albariño 本土葡萄釀造，來自 20 年的葡萄藤，帶白花、白
桃、柑橘、蜜糖、香料、奶油及礦物等味道，清爽而充滿果香，餘韻帶海
鹽味道。如果想試試 Chardonnay 或 Sauvignon Blanc 以外的白酒，可以
考慮西班牙白酒。

◆食物配搭◆

帶礦物味的白酒配海鮮向來都很合適，
我在節目中推介了蒜子蔥白爆蝦球，白
酒能帶出蝦球更多鮮甜味，而食物亦
可提升白酒的白桃香和蜜糖香，十分匹
配。

Vega Sicilia Pintia 2015

西班牙紅酒比較出名的，大家通常會想起 Rioja 酒區。其實其他酒區的紅酒亦相當出色，例如有「西班牙酒王」之稱的 Vega Sicilia，始於 19 世紀，是西班牙國寶級的酒莊，亦是西班牙 Ribera del Duero 地區最著名的酒莊之一。酒王的紅酒會不會很貴？也不一定。我選了這款 Vega Sicilia Pintia 紅酒，與同一酒莊的其他旗艦級葡萄酒相比，價錢相對親民。此酒來自西班牙 Toro 區，採用 100% Tempranillo 本土葡萄釀造，平均葡萄藤樹齡達 30 至 60 年。此酒陳釀於法國及美國橡木桶 12 個月，入瓶後最少 3 年時間才推出市場。

◎品酒體驗◎

此酒優雅而香氣四溢，帶紫花、橡木、雲呢拿、紅莓、車厘子、香料及黑莓等味道，單寧幼滑，結構紮實，餘韻悠長。

◆食物配搭◆

具層次的紅酒適合配濃味的食物，例如很多西班牙 Tapas 小食。我在節目中選了當紅炸子雞配搭，紅酒令雞油香更加突出，減去油膩感的同時，亦提升紅酒的果香，以及帶出更多層次的香草及香料味道，單寧更幼滑。

2.11 經典不只雷司令 德國

全世界最老的葡萄園之一，已有 400 多歲的 Rhodter Rosengarten。

＊圖片來源：Wikimedia Commons - BlueBreezeWiki

舊世界最後一站來到德國。說起德國葡萄酒，大家好自然會想起 Riesling，因為德國出產的 Riesling 葡萄酒佔全球同類葡萄酒約四成多＊，其中以 Mosel 及 Rheingau 酒區的出品最著名。很多朋友以為所有 Riesling 葡萄酒都是甜的，其實它不是只有甜，而是變化多端的，由乾白至不同甜度的佳釀，以至甜酒，甚至冰酒及貴腐酒都有出產，還有氣泡酒（Sekt）呢！除了 Riesling 外，當然有其他白葡萄品種，如 Grauburgunder（Pinot Gris）、Weissburgunder（Pinot Blanc）等。而紅酒則有近年越來越受歡迎的 Spätburgunder（Pinot Noir）及 Dornfelder 等。

＊資料來源：Wines of Germany 網址 www.germanwines.de

全世界最老的葡萄藤園之一

我曾在德國葡萄酒區（Wines of Germany）邀請下，去德國第二大葡萄酒區 Pfalz 參觀，毗鄰便是法國阿爾卑斯（Alsace）。那裏充滿陽光，氣候乾爽，種出來的葡萄質素亦相當高。平時遊葡萄園，都是步行或騎單車，在德國第一次坐馬車遊葡萄園，在馬車上試葡萄酒，感覺很 chill。更難忘的體驗是可以近距離接觸全世界最老的葡萄園之一 Rhodter Rosengarten，葡萄藤逾 400 歲，至今仍然每年出產 Gewurztraminer 葡萄，實在太神奇！女莊主 Heidi 指這棵老樹藤種出的 Gewurztraminer 會帶來更多香料味道及層次。對著這老樹藤，喝著用它的葡萄釀出來的白酒（Oberhofer Rhodter Gewurztraminer Spatlese Trocken 2014），香氣四溢，帶荔枝、玫瑰、蜜糖、礦物及香料等味道，葡萄來自 400 歲的老樹，在味

德國酒區風土

德國地理位置偏涼，大致屬內陸氣候（Continental Climate），冬天寒冷，夏天和暖及有適量雨水，秋天乾燥，適合種植出味道濃郁而酸度高的葡萄。德國共有 13 個葡萄酒產區，而不同葡萄酒產區也有不同土壤，由沙土（sandy soil）、壤土（loam）、石灰岩（limestone）、板岩（slate）及花崗岩（granite）等，加上不同的微風土，釀造出獨特而風格多元的葡萄酒。

德國葡萄酒以質量來分級，主要分為 Deutscher Wein、Deutscher Landwein、Qualitätswein bestimmter Anbaugebiete（QbA）及 Prädikatswein，當中以 Prädikatswein 級別最高。Prädikatswein 再以不同的成熟度（葡萄含糖量）去細分，由 Kabinett 至 Trockenbeerenauslese（TBA），其實都頗複雜。另外，德國葡萄酒酒莊聯盟（Verband Deutscher Prädikatsweingüter，簡稱 VDP），是另一套指標去分辨高質的葡萄酒，目前共有逾 200 家德國酒莊是 VDP 的成員，有自己一套嚴謹的規則，來自 VDP 的葡萄酒在瓶頸或酒標上皆印有標誌，是一隻胸前有 6 顆葡萄的老鷹。簡單來說，見到酒瓶上有這一隻鷹，是品質保證，而 VDP 也有一套級別制度。

蕾上卻展現豐富的果香，感覺太神奇。

德國有很多種類的美酒，很難一次過分享，以下選了三款我在節目中介紹過的德國葡萄酒，包括 Sekt 氣泡酒、經典 Riesling 白酒及帶法國布爾岡風格的紅酒，可以多角度了解德國葡萄酒。

///// 精選推介 /////

Schloss Vaux Rheingauer Riesling Réserve Brut 2015

說起氣泡酒，大家好自然會想起西班牙的 Cava 或者意大利的 Prosecco，其實德國也有氣泡酒，稱為 Sekt，有些酒莊更會以香檳製法去釀造 Sekt。前文提及過，Riesling 不只出產白酒及甜酒，這次想分享的是以 Riesling 釀造的 Sekt。此酒

莊早於1868年建立，專門生產以香檳製法的氣泡酒，採用第二次瓶內發酵的傳統方法釀酒。這款年份氣泡酒屬於2015年年份，最少陳釀24個月以上，以100% Riesling釀造，葡萄來自盛產Riesling的Rheingau產區。此產區位於萊茵河的旁邊，葡萄田大多在斜坡上，

酒莊採用Riesling葡萄，以香檳製法釀製氣泡酒Sekt。

向南方向可充分吸收陽光，北面山群則抵禦了北方的寒風，非常適合種植優質葡萄。

◎ 品酒體驗 ◎

以香檳製法釀造的Riesling年份有氣酒，氣泡柔滑，充滿白花及礦物香氣，帶有白桃、蘋果、白花、蜜糖、玫瑰、牛油麵包、礦物及柑橘等味道，餘韻芳香悠長。平時喝的Riesling都是略帶甜味的白酒居多，所以我覺得Riesling氣泡酒很特別，而且還是以香檳製法的年份酒，和朋友分享亦是一個特別的選擇。

◆ 食物配搭 ◆

氣泡酒用來配串燒很合適，我在節目中選了越南美食檸檬葉雞肉串作配搭，氣泡酒為食物帶來醒胃的作用，而雞串加上檸檬葉的香氣，令酒的香草、檸檬及白桃香更突出，果香四溢。

Reinhold Haart Riesling Goldtröpfchen Kabinett 2018

此家族酒莊具有非常古老的歷史，早於 1337 年，已經在 Mosel 酒區種植葡萄。600 多年來一直由家族傳承經營，是該產區歷史最悠久的釀酒世家。Mosel 酒區是最出名的 Riesling 葡萄酒酒區之一，亦是德國最北的產區之一，屬冷大陸性氣候（cool continental climate），最理想的風土是將葡萄種植在向南、面對 Moselle 河景的斜坡上，才有足夠的陽光及溫度讓葡萄成熟。此酒的 Riesling 葡萄來自 Mosel 區內的 Goldtröpfchen 產區，土壤主要為粘土（clay）及灰板岩（grey slate），種植出充滿果香和礦物味的葡萄酒。如果要選一支德國 Riesling 葡萄酒，Mosel 區絕對是信心之選，而且這著名酒莊有逾 600 年歷史，可以試到德國 Riesling 的經典風格。

◎品酒體驗◎

此白酒帶淡金黃色，香氣四溢，帶有檸檬、白花、白桃、熱帶水果、礦物及蜜糖等味道，微甜而酸度高，予人清新之感，餘韻適中。果香濃郁及酸度夠，Riesling 是可陳年的葡萄，這支德國白酒絕對可以放 8 至 10 年，相信之後會釋出更多成熟果香和其他香料層次。

◈ 食物配搭 ◈

Riesling 屬於香氣濃郁的葡萄酒，可用
來配搭比較重味的食物，如煎鵝肝或
燒鵪鶉等。除此之外，我還推介配搭辣
味食物，例如四川辣子雞，帶甜的白酒
可減低辣度，同時昇華了雞的麻香，及
帶出更多白酒的熱帶水果香氣。下次
吃川菜，記得帶一支 Riesling 去配搭一
下呀！

Meyer-Näkel Spätburgunder Ahr Kräuterberg GG 2013

雖然德國主要出產白酒，但是紅酒亦相當有質素，尤其是 Spätburgunder
（即 Pinot Noir）。Meyer-Näkel 酒莊始於 1950 年，短短數十年已成為非
常出名的酒莊。位於 Ahr 產區，是德國最北及最細的產區之一，
主要生產 Spätburgunder 紅酒。這款 Pinot Noir 紅酒屬於 VDP
最高認證級別，被多位國際著名葡萄酒酒評人評為德國最佳的
Pinot Noir 紅酒之一。VDP Grosses Gewächs（簡稱 GG） 是
德國最優質的葡萄園出產的葡萄酒，是 VDP 最高級別，具有
長期陳放的潛力，酒瓶上會印有「GG」的浮雕或字樣。此酒
產量不多，質素可媲美法國布爾岡紅酒，我覺得要了解德國
葡萄酒，紅酒亦是不可忽視的類別。

Meyer-Näkel 酒莊始於 1950 年，現由兩位女莊主兼兩姊妹打理。

◎品酒體驗◎

酒色呈紅寶石色，香氣四溢，帶紫花、紅莓、香料及野生士多啤梨等香氣。入口順滑，單寧優雅，帶有乾紅莓、野生士多啤梨、車厘子、紫花、礦物、烤烘、雲呢拿、甘草、甜香料及煙熏等味道，餘韻悠長。

◆食物配搭◆

比較輕巧的紅酒如 Pinot Noir，可以配搭濃味海鮮。節目中配搭了「安南甘露大頭蝦」，此大頭蝦盛產於泰國及越南一帶，當地人常以甘露方式烹煮，味道濃郁，蝦膏豐腴。作為下酒菜，令 Pinot Noir 紅酒的果香更突出，帶出更多紅莓及甜香料味道，亦令大蝦更鮮甜。

第三章

了解葡萄酒
—— 新世界
及另類潮流

酒勻世界今晚 Chill

3.1 新世界一哥 美國加州

加州享負盛名的 Dominus Estate 酒莊，由 Moueix 家族投資創辦。

美國加州葡萄酒可說是新世界葡萄酒的大阿哥。到底加州葡萄酒是如何
躋身國際葡萄酒大舞台的？那要說到 1976 年的巴黎葡萄酒品鑑會，亦被
稱為「巴黎評判」（Judgement of Paris）。當時評審對兩組葡萄酒進行「盲
品」，一組來自法國波爾多及布爾岡酒區（以紅酒及白酒馳名），另一組
是美國加州以 Cabernet Sauvignon 及 Chardonnay 葡萄釀造的葡萄酒。結
果十分驚人，想不到加州酒戰勝了歷史悠久的法國酒，分別獲得紅酒和
白酒的最高分數，從此確立了美國加州葡萄酒於業界的地位。

星光熠熠的加州 Napa Valley

加州是美國最大的葡萄酒生產酒區，逾八成的葡萄酒出產是來自加州的。美國現在是全球第四大的葡萄酒生產國，僅次於意大利、西班牙及法國*。加州種植了逾 100 款葡萄品種，但加州出產最多的紅酒葡萄是 Cabernet Sauvignon，白酒葡萄則是 Chardonnay。美國加州葡萄酒種類繁多，由殿堂級酒莊如 Robert Mondavi、Dominus Estate，以至美國最出名的 cult wines 代表如 Screaming Eagle、Harlan Estate 等酒莊也在加州。葡萄酒價位由港幣百元以下到數千元起跳也有。

加州酒區風土及級別

　　加州的土壤和氣候十分多樣化，種植位置高低、鄰近太平洋或內陸地區等都有影響。所以不同產區生產的葡萄酒，就算是同一款葡萄品種，都可以有完全不一樣風格。概括而言，加州屬地中海氣候，夏天和暖乾爽，冬天清涼有雨，最為人熟悉的 Napa Valley，氣候相對和暖，充滿加州陽光，適合種植的葡萄品種主要有 Cabernet Sauvignon 和 Chardonnay，另外亦很適合種植 Merlot、Zinfandel、Pinot Noir 及 Sauvignon Blanc 等葡萄品種。

　　有別於法國葡萄酒或意大利葡萄酒的分級制（如 Grand Cru、Premier Cru 或 DOCG、DOC 等），美國葡萄酒並沒有分級別，只是根據地理和氣候來劃分不同的葡萄酒產區，稱為 American Viticultural Area，簡稱 AVA，即美國葡萄種植地區。由於不同的地質和風土實在太多變化，如果要探究不同微風土，可以從每個 AVA 去了解。

*資料來源：https://worldpopulationreview.com/country-rankings/wine-producing-countries

Napa Valley 是加州最著名的產區之一。我曾去 Napa Valley 酒莊遊，當地葡萄酒旅遊業發展得好成熟，滿足不同旅客需求，更有多間米芝蓮餐廳可配搭美酒。最難忘是我人生第一次坐熱氣球欣賞葡萄園，在天空上看著一片片的葡萄園，感覺很美很治癒。在拍下了眼前震撼美景時，手心緊張得冒汗，因為不像坐飛機般隔著玻璃看風景，一不小心沒有握緊相機，就要跟它說 ByeBye 了。很獨特的體驗，有機會你也試試吧！以下分享三款我在節目中介紹過的加州「明星」葡萄酒，包括名導演哥普拉的白酒、傳奇籃球巨星姚明的紅酒及「加州葡萄酒之父」Robert Mondavi 的紅酒，星光熠熠，可以媲美荷里活！

在 Napa Valley 坐熱汽球欣賞葡萄田。

///// 精選推介 /////

Francis Ford Coppola Director's Cut Sonoma Coast Chardonnay 2018

《教父》導演哥普拉創辦的酒莊。

如果你喜歡電影，應該聽過或看過《教父》三部曲。這部經典電影的導演是哥普拉（Francis Ford Coppola），而此酒正是出產自這著名導演的酒莊。無論電影還是釀酒，他都做得同樣出色。酒莊的出品是奧斯卡頒獎禮指定葡萄酒，部份限量葡萄酒更是特別為奧斯卡而釀製。旗下位於 Sonoma County 的酒莊，已於 2021 年售給另一大美國葡萄酒商，但哥普拉仍然有繼續參與其中。這款葡萄酒產自 Sonoma County 的 Russian River Valley，陳釀於木桶約 9 個月。好多人覺得名人葡萄酒只是帶著名人光環而已，但我認為哥普拉的葡萄酒充滿果香而具層次，絕對不是「得個名」，值得試試。

◎品酒體驗◎

此白酒帶淡金黃色，入口帶雲呢拿、奶油、焗蘋果、柑橘、橡木、熱帶水果及甜香料等味道，果香四溢，餘韻適中。如果你想帶一支特別的加州明星酒，與喜歡看電影的朋友分享，可以考慮這支產自名導演酒莊的葡萄酒，邊看電影邊喝酒也不錯。

◆食物配搭◆

Chardonnay 白酒屬於 full-bodied 的葡萄酒，加州因為陽光充沛，一般果香比較濃郁，充滿來自木桶的雲呢拿香，適合配襯風味濃郁海鮮料理，如在節目中的西班牙香腸及烤大蝦番紅花燉飯，白酒會帶出更濃郁的大蝦甜味，同時食物亦提升白酒的焗蘋果及熱帶水果香味，互相輝映。

Yao Ming, Family Reserve, Cabernet Sauvignon Napa Valley 2016

前 NBA 球星姚明在加州創辦 Yao Family Wines，釀造精品葡萄酒。

七呎六吋高的前 NBA 籃球巨星姚明除了打籃球了得外，其實他在 Napa Valley 的酒莊所釀造的葡萄酒亦同樣出色。他於 2011 年開始他的 Yao Family Wines 酒莊之路，姚明喜歡法國波爾多風格的紅酒，所以出品的紅酒也以此為主調，這款葡萄酒是其中之一。此酒莊的特點是「重質不重量」。美國著名酒評人 Robert Parker 曾經說過，很多人認為名人酒莊只是虛有其表，但姚明酒莊並不是。我也同意這個說法，如果你喜歡波爾多風格的紅酒，不妨一試。

◎品酒體驗◎

此酒以 Cabernet Sauvignon 為主，加入 3% Petit Verdot，陳釀於法國橡木桶 24 個月。法國波爾多葡萄酒的風格，層次複雜，帶黑莓、黑加侖子、森林土壤、雲呢拿、橡木、紫花、雪茄及薰衣草等味道，優雅而餘韻悠長。

Robert Mondavi Napa Valley
Cabernet Sauvignon 2015

Robert Mondavi 酒莊是加州最大的葡萄酒莊之一。

此酒莊是加州經典酒莊，亦是加州最大的葡萄酒莊之一，於
1966 年由 Robert Mondavi 創立，於 2004 年被美國酒業集團
Constellation Brands 收購。此酒莊的創辦人 Robert Mondavi 被
譽為「加州葡萄酒之父」，是葡萄酒界的大明星。他是其中一
位最先帶領 Napa Valley 成為世界認同的高級葡萄酒區的莊
主，尤其是 To Kalon 酒區的 Cabernet Sauvignon 葡萄出品，
更可媲美法國波爾多酒區。

我曾獲 Robert Mondavi 酒莊邀請參觀其酒莊，以及位於 To

Kalon 的葡萄園。To Kalon 是加州 Napa Valley 最出眾的葡萄園之一，有逾 150 年歷史，最適合種植優質的 Cabernet Sauvignon 葡萄，特色是能釀出帶優雅果香和花香，強而有力但又幼滑細緻的葡萄酒。在葡萄田旁一邊了解風土，一邊喝着由這葡萄田出品的葡萄酒，完全感受到釀造一支葡萄酒真的需要花很多心血和功夫。

在 To Kalon 葡萄田旁喝著用該田出產葡萄釀製的葡萄酒。

◎品酒體驗◎

此酒以 Cabernet Sauvignon 為主，加入 4% Merlot、2% Petit Verdot 及 2% Cabernet Franc，陳釀於橡木桶 16 個月以上，色澤呈深紅寶石色，芳香複雜，優雅而具層次，帶黑莓、黑布冧、甘草、紫花、甜香料、橡木、肉桂和黑胡椒等味道，餘韻悠長。

◆食物配搭◆

以 Cabernet Sauvignon 為主的葡萄酒屬於 full-bodied 紅酒，配搭濃郁的肉類或濃味汁醬最合適。我在節目中選擇自家製麵包配牛骨髓及牛油，牛骨髓的香濃油香及牛油香會帶出更多黑果香、雲呢拿及烤烘的香氣，同時酒亦減去牛骨髓的油膩感，相得益彰。

3.2 打破枷鎖 澳洲

澳洲是世界第五大葡萄酒生產國。（Tourism South Australia 圖片）

擁有多元文化的澳洲，反映在其葡萄酒上，同樣精彩。澳洲是世界第五大葡萄酒生產國家＊，亦是最大葡萄酒出口國家之一。最初以出口大眾化葡萄酒為主，過去數十年出產越來越多優質葡萄酒，突出不同酒區的特色。屬於新世界的澳洲沒有舊世界的傳統法規和包袱，反而更自由，更有由多個酒區混合而成（multi-regional）的澳洲葡萄酒。

澳洲有逾 100 款葡萄品種，紅葡葡品種以 Shiraz 馳名，Barossa Valley 出產的 Shiraz 紅酒尤其出眾。白葡葡品種 Chardonnay 亦十分出色，而

＊資料來源：https://www.statista.com/topics/4000/wine-industry-in-australia/

Tasmania 酒區所釀造的 Chardonnay 特別出名。其他受歡迎葡萄種類還包括 Cabernet Sauvignon、Merlot 及 Sauvignon Blanc 等。以下分享三款我在節目中介紹過的澳洲葡萄酒，包括一款香檳製法白中白（Blanc de Blancs）有氣酒、一款 Cabernet Sauvignon 紅酒及一款 Shiraz 紅酒，可以讓大家了解澳洲葡萄酒的不同風格。

南澳的 Coonawarra 是其中一個著名的葡萄酒產區，圖為 Katnook Estate。

（southaustralia.com 圖片）

澳洲酒區風土和級別

澳洲有 60 多個葡萄酒產區，氣候風土多元化，主要屬地中海氣候，夏天溫暖乾爽，冬天寒冷有雨，產區大多在南或西南部。在不同地區、葡萄種植在不同高度、是否近海等都會影響葡萄酒的風格。土壤多樣化，包括沙土（sandy soil）、壤土（loam）、礫石（gravel）、沖積土（alluvial），以及 Coonawarra 酒區相當出名的紅土（Terra Rossa）等，不能盡數。

不同氣候風土適合種植不同葡萄，如 Coonawarra 酒區的 Cabernet Sauvignon 葡萄、Barossa Valley 酒區的 Shiraz 葡萄、屬較高地的 Eden Valley 酒區的 Riesling 葡萄等。由於大部分葡萄藤未受到葡萄根瘤蚜蟲（Phylloxera）襲擊，葡萄樹藤樹齡比很多舊世界的更老，尤其 Barossa Valley，有很多超過 70 年或以上的老葡萄樹藤。

澳洲葡萄酒以產地標示 Geographical Indication（G.I.）來區分，規定葡萄酒必須要有 85% 葡萄來自該產區，才可以在酒標上寫上該 G.I. 產區名字。G.I. 產區分三級，包括地區（Zone）、區域（Region）和次區域（Sub-region）。

///// 精選推介 /////

House of Arras Blanc de Blancs NV

House of Arras 酒莊的葡萄田。

House of Arras 酒莊成立自 1995 年，位於澳洲塔斯曼尼亞 (Tasmania)，獲獎無數。酒莊的莊主兼首席釀酒師 Ed Carr，是澳洲獲獎最多的氣泡酒釀酒師，旗下一款年份有氣酒 E.J. Carr Late Disgorged 2004，更於國際著名權威酒雜誌 *Decanter*，獲得 Best Sparkling Wine of the Year 2020，贏了法國香檳，可見其質素之高。Tasmania 酒區位於澳洲最南部，氣候偏涼，最適合種植 Chardonnay 及 Pinot Noir 等葡萄品種。此有氣酒採用 100% Chardonnay 葡萄，並以香

檳製法釀製，陳釀至少 30 個月以上，極具層次。相比經常接觸到的入門級澳洲氣泡作品，這瓶酒充滿驚喜，複雜度實在令人興奮，連入門版都最少陳釀 30 個月，令我對澳洲有氣酒的看法有所改觀。

◎品酒體驗◎

我一向喜歡白中白（Blanc de Blancs）的清新細緻果香，好 pure 的感覺。這款無年份白中白香檳製法氣泡酒，帶淡金黃顏色，氣泡綿滑，香氣四溢，優雅而果香豐富，充滿活力，帶清新的白桃、白花、柑橘、檸檬布丁、蜜糖、牛油麵包及礦物等味道，複雜而具層次。

◆食物配搭◆

白中白氣泡酒可配很多餐前小吃或海鮮類的食物，亦可配搭一些風味清爽肉類料理，建議配搭燻蹄加少少白醋汁。氣泡酒令肉香更提鮮，同時亦帶出更多柑橘、白桃及檸檬布甸等味道。

Katnook Estate Odyssey Cabernet Sauvignon Coonawarra 2012

澳洲 Katnook Estate 酒莊，曾被國際著名酒評人 James Halliday 評為 5 星酒莊。

位於南澳的 Coonawarra 產區，獲獎無數，更於 2021 年，被國際著名酒評人 James Halliday 評為 5 星酒莊（最高級別）。Coonawarra 有獨特的溫和海洋性氣候（mild maritime climate）和 Terra Rossa（紅土壤），特別適合生長別具風味的 Cabernet Sauvignon 葡萄酒，風格上略帶點薄荷、香草植物及土壤氣息的果香。此酒以 100% Cabernet Sauvignon 釀造，於橡木桶中陳釀最少 24 個月才入瓶。屬酒莊旗艦作品之一，挑選來自老葡萄藤的優質葡萄釀造。要了解澳洲葡萄酒，除了必試澳洲馳名的 Shiraz 之外，Cabernet Sauvignon 亦很出色。

◎品酒體驗◎

此酒呈深紅寶石色，酒體飽滿，香氣具層次，帶紫花、黑布冧、黑莓、黑莓果醬、橡木、土壤氣息、黑胡椒、雲呢拿、月桂葉及香草植物等味道，優雅而餘韻頗長。

◆食物配搭◆

Full-bodied 紅酒配燒烤肉類相當不俗。建議配烤北京填鴨，紅酒的酸度可減去北京填鴨的油膩感，同時鴨肉亦令紅酒的單寧更幼滑，帶出更多黑莓、黑布冧及橡木的香氣。

Penfolds St Henri Shiraz 2017

有「澳洲葡萄酒王」之稱的 Penfolds 酒莊。

一般人提起澳洲，自然會想起袋鼠和樹熊。提起澳洲葡萄酒，我亦自然會想起奔富酒莊（Penfolds）。此酒莊位於南澳 Barossa Valley，被譽為「澳洲葡萄酒王」。酒莊始於 1844 年，是澳洲最古老的酒莊之一。酒莊被公認是澳洲葡萄酒的象徵，系列價錢由百多元至過萬元一瓶都有。

不可不提酒莊的王牌 Penfolds Grange，這款酒以 1951 年的實驗年份推出，以 Shiraz 葡萄為主，完美演繹混合多個跨葡萄產區（multi-regional）的協同效應，是以豐富、複雜及

可作陳年窖藏而馳名的高質葡萄酒，具收藏價值，曾贏得多個世界獎項，亦將澳洲葡萄酒帶到國際大舞台，並被納入南澳洲非物質文化遺產名錄。

這次介紹的 St. Henri Shiraz，經常被拿來與同年代出產的 Grange 做比較，是另一受歡迎酒款，同樣是以 Shiraz 葡萄為主的跨葡萄產區釀造。此酒以 97% Shiraz 葡萄及 3% Cabernet Sauvignon 葡萄釀造，在大容量的舊橡木桶熟成，陳年 12 個月，傳承酒莊的典雅風格，亦是可作陳年窖藏的佳釀。同樣是澳洲酒王的釀酒風格，St. Henri 價錢比較親民。獲著名酒評人 James Suckling 給予 95 分。

◎ 品酒體驗 ◎

此酒呈深紅寶石色，酒體飽滿，香氣四溢，帶有紫花、黑胡椒、黑莓、甜香料、黑布冧及橡木等香氣。果味出眾，口感圓潤幼滑，單寧優雅而有力，餘韻悠長。

◆ 食物配搭 ◆

如果紅酒充滿果香和甜香料，配襯微辣的食物會帶出更多滋味。建議配麻香牛肋骨，吃一口牛肋骨再喝一口紅酒，紅酒會釋放更多黑布冧及黑胡椒香氣，果香更出眾，而紅酒亦昇華了牛肉香，紅酒的黑胡椒與牛肋骨的麻香風味絕配。

3.3 釀酒師的天堂 阿根廷及智利

阿根廷 Mendoza 的葡萄田，一般種植於高海拔 2000 至 4000 呎。

來到熱情奔放的南美，說到葡萄酒，不得不提南美之星 —— 阿根廷和智利。這兩個國家釀造葡萄酒都非常出名，由價廉物美到頂級佳釀都有。兩國位處安第斯山脈（The Andes）的兩側，智利在山脈左側，西鄰太平洋，阿根廷在山脈右側，東接大西洋，雖然兩邊的地理風土不一樣，但都有絕佳的釀酒環境和條件，吸引多個世界各地的頂級名酒莊來到這裏開辦酒莊，堪稱釀酒師的天堂。

高海拔的洗禮

阿根廷是南美第二大的葡萄酒生產國*，僅次於智利，而Mendoza是阿根廷最大的葡萄酒區，出產全國超過七成的葡萄酒。當地由Malbec葡萄釀造的紅酒最出名外，白酒亦十分出色（如Torrontés、Chardonnay等）。葡萄園一般位處安第斯山脈海拔 2,000 – 4,000 呎位置，氣候和環境均適合種植高品質葡萄。

阿根廷以Malbec葡萄
釀造的紅酒最出名。

智利是南美最大的葡萄酒生產國*，主要的產區包括Coquimbo、Aconcagua、Central Valley 及 Southern Region 等，盛產紅葡萄如Cabernet Sauvignon 及 Carmenere 等，白葡萄如 Chardonnay 及 Sauvignon Blanc 等。我覺得新世界葡萄酒當中，這兩個南美之星性價比高之餘，亦帶有舊世界葡萄酒風格，加上各國名莊的加持，十分「抵飲」。以下分享三款我在節目中介紹過的阿根廷和智利葡萄酒，包括阿根廷白酒及紅酒，以及一款智利紅酒，可以感受安第斯山脈兩側的不同風土。

*資料來源：https://worldpopulationreview.com/country-rankings/wine-producing-countries

智利 Elqui Valley
產區的葡萄田。

阿根廷及智利酒區風土與主要級別

　　阿根廷被安第斯山脈遮擋了海風，氣候乾燥和炎熱，對於葡萄種植是很大挑戰，因此很多葡萄園都種植於海拔高的地區。有些 Mendoza 酒區的葡萄園更高達海拔 5000 呎，可以接觸更多陽光。由於日夜溫差非常大，葡萄的成熟期會較長，為葡萄酒帶來高酸度、濃郁及具層次的味道。阿根廷有自家的葡萄酒級別，由 National Institute of Viticulture (INV) 監管，以不同區域、氣候、風土等去劃分，根據法規，分為三級，包括 IP (Indicación de Procedencia) 普通區域葡萄酒，IG (Indicación Geográfica) 高一級以葡萄酒區或村莊劃分的葡萄酒，以及 DOC (Denominación de Origen Controlada) 最高級別的葡萄酒。

　　智利因地勢關係，不同地區有着截然不同的氣候，令葡萄的風格千變萬化。一般可以分為岸區 (Costa)、谷區 (Entre Cordilleras) 及山區 (Andes)。南美天氣炎熱，但岸區及山區受到來自海洋或高山的冷空氣影響，所生產的葡萄酒都比較優雅而帶有一定酸度。智利包括 4 個主產區 (Coquimbo、Aconcagua、Central Valley、Southern Region)。另外還有亞產區 (Sub-region)，當中又包含小產區 (Zone) 或村鎮級 (Area) 產地。根據法規，如要寫 D.O. (Denominación de Origen) 產區，則必須有 75% 或以上的葡萄產自該產區。

///// 精選推介 /////

Viña Cobos Bramare Los Arbolitos Chardonnay 2019

Viña Cobos 酒莊莊主 Paul Hobbs 來自加州。

Viña Cobos 莊主 Paul Hobbs 在美國加州的葡萄酒業中享負盛名，80 年代來到阿根廷旅遊時，發現 Mendoza 環境氣候極之適合葡萄生長，便於 1999 年在當地開設酒莊。此酒屬 2019 年出產的有機白酒，位於 Los Chacayes 產區的 Los Arbolitos 葡萄園，葡萄田種植於海拔約 3300 呎，選用 100% Chardonnay 葡萄釀製，在法國橡木桶陳釀 12 個月。酒莊崇尚自然，此白酒不經過濾（unfiltered），藉以帶出更豐滿酒體。這款白酒價格相對當地平均略高，但以其釀酒工藝及高海拔帶來的層次，我覺得性價比亦高。

137

◎品酒體驗◎

白酒呈淡金黃色,香氣四溢,帶奶油、橡木、雲呢拿、白花、柑橘、檸檬和白桃等香氣。優雅而具層次,果香四溢,入口帶有白花、柑橘、檸檬、白桃、礦物、奶油、橡木、草本植物和雲呢拿等味道,酸度高,入口順滑而圓潤,餘韻適中。我喜歡這白酒帶優雅濃郁果香,感受到高海拔帶來的層次。

◆食物配搭◆

由於這白酒酒體較豐厚,配襯較濃味食物亦可以。建議配搭新加坡鹹蛋黃雞翼,白酒的酸度能減低菜式的油膩感,同時提升鹹蛋黃的蛋黃香。另外在菜式誘發下,酒內的果香、香草和奶油味亦更加突出。

Kinien Malbec Bodega Ruca Malen 2013

Bodega Ruca Malen 酒莊是難得的精品酒莊，2020 年起已獲得有機酒莊認證。

此阿根廷酒莊始於 1998 年，位於 Mendoza，酒莊由兩位莊主共同持有，他們曾效力於法國著名酒莊多年，擁有精湛的釀酒技術，釀酒風格獨特，且重質不重量，是難得的精品酒莊。此酒的葡萄來自旗下位於 Mendoza 產區的 Uco Valley 葡萄田，屬 2013 年年份酒，葡萄田位於海拔 800-1100 米，選用 100% Malbec 葡萄釀造，這是阿根廷最出名的葡萄品種。此酒在橡木桶陳釀最少 14 個月，入瓶後再陳放 8 個月才出廠，十分講究。如果要試阿根廷紅酒，當然要試阿根廷最出名的 Malbec 葡萄，而這葡萄酒性價比高，值得考慮。

◎品酒體驗◎

酒色呈深紅寶石色，帶紫花、紅莓、紅車厘子、紅布冧、甜香料、烤烘和橡木等香氣，紅果香氣突出。單寧優雅，酸度高，帶有紫花、橡木、烤烘、雲呢拿、紅果和乾紅莓等味道，甘草味和甜香料味突出，隨後還感受到土壤氣息和乾草本植物味道，開始帶點陳年乾果香，餘韻悠長。

◆食物配搭◆

紅酒配牛扒或鴨胸當然好，但其實不一定是紅肉，配濃醬汁食物亦可以。我在節目中嘗試以 Malbec 紅酒配新加坡古法炒蘿蔔糕，紅酒內的果香加強甜醬油和蘿蔔的鮮甜味，令菜脯的甜香料味更突出，而蘿蔔糕亦誘發酒內的乾果和甘草香氣，令土壤氣息和香料味更澎湃。

Errázuriz Don Maximiano Founder's Reserve 2016

有「智利酒王」之稱的 Errázuriz 酒莊。

此智利酒莊創立於 1870 年，歷史悠久，是智利最大且發展最快的家族酒莊之一，曾經多次於世界性酒評會上獲得殊榮，被稱為「智利酒王」之一。這款酒是酒莊的旗艦酒，以酒莊莊主兼創辦人命名，從法國引進最好的葡萄藤到智利種植，彌足珍貴。此酒以 69% Cabernet Sauvignon 葡萄為主，還加入 12% Malbec、8% Petit Verdot、8% Carmenere 及 3% Cabernet Franc 葡萄釀造。葡萄田來自 Aconcagua Valley 酒區，陳釀於法國橡木桶 22 個月，屬經典的風格。國際著名酒評人 James Suckling 評為 96 分。如果要試智利風格的紅酒，這經典酒莊是我推介之一。

◎品酒體驗◎

此酒呈深紅寶石顏色，香氣四溢，優雅而具層次，酸度高，帶橡木、甘草、咖啡豆、紫花、礦物、黑莓及黑布冧等味道，果香及酸度完美結合；酒體飽滿，單寧優雅，結構完整，餘韻悠長，陳年實力驚人。

◆食物配搭◆

Cabernet Sauvignon 為主的紅酒最佳拍檔是牛扒。我在節目中選了澳洲黑安格斯西冷牛扒，紅酒的酸度可減去牛扒的油膩感，同時帶出濃郁的牛肉香。牛扒的油分亦令紅酒的單寧更幼滑，帶出更多黑莓、車厘子及咖啡豆等味道。

3.4 國寶葡萄酒 南非

在南非乘坐開篷巴士遊葡萄田是一大享受。

很多人對南非的印象是鮑魚、鑽石、野生動物，又或者著名景點「桌山」
（Table Mountain）等，但其實葡萄酒亦是其特產之一。南非葡萄酒約有
360 多年歷史，是全球第八大葡萄酒生產國家*。近年南非酒在各大葡萄
酒評分及國際葡萄酒比賽中名列前茅，部分高質南非葡萄酒更出現在國
際拍賣會中，可見它已躋身國際高級葡萄酒舞台。

＊資料來源：https://topwinesa.com/sa-winelands/sa-wine-industry-statistics/

南非引以為傲的 Pinotage 紅酒

南非葡萄酒在香港不算十分普及，但有穩步上升的趨勢，在大餐廳的酒牌中亦越來越多它的蹤影。要認識南非葡萄酒，首先要認識南非人引以為傲的 Pinotage 紅酒，而最能代表南非白酒的葡萄品種則是 Chenin Blanc。另外，南非也有以香檳製法的南非有氣酒（Cap Classique），以及被譽為國寶的甜酒。

我曾在南非葡萄酒協會（Wines of South Africa, WOSA）邀請下，去南非開普敦（Cape Town）參觀酒莊，並參加開普敦葡萄酒展 Cape Wine Fair。9 月至 11 月是遊歷南非的最佳時節，於風和日麗的早上，坐在沒有頂蓋的露天巴士上層，一邊觀光，一邊品嚐南非葡萄酒，十分 chill！我還在旅途中，看見野生企鵝在海邊游泳，相當驚喜的體驗！如果你還未喝過南非葡萄酒，那我建議你不要錯過。以下分享三款我在節目中介紹過的南非葡萄酒，包括白酒、紅酒及甜酒，涵蓋了南非最出名的葡萄酒款。

南非葡萄酒約有 360 多年歷史，是全球第八大葡萄酒生產國家。

南非酒區風土及主要級別

　　南非位於非洲最南端，概括而言，屬地中海氣候，夏天日照長，冬天和暖而不乾燥。南非有大部分的葡萄種植在西開普省（Western Cape），當中著名大產區之一的海岸大產區（Coastal Region），有很多出名小產區如 Stellenbosch、Paarl、Constantia 及 Walker Bay 等。傳統葡萄園區都是沿海而種植，海洋帶來清涼海風及水氣，加上日照陽光，有利葡萄成長。紅酒葡萄中最著名的是本土葡萄品種 Pinotage，另外還有 Shiraz、Cabernet Sauvignon 和 Merlot。白酒主要葡萄品種為 Chenin Blanc、Chardonnay 及 Sauvignon Blanc。

　　與美國及澳洲一樣，南非葡萄酒並沒有嚴格的分級制度，但會以產區劃分。根據 Wine of Origin（WO）法定制度，以面積大小將產區劃分（由大至小），包括區域產區（Geographical Units）、地區產區（Regions）、次產區（Districts）和小產區（Wards）。

///// 精選推介 /////

Ken Forrester Vineyards Forrester Meinert Chenin（FMC）2018

Ken Forrester 酒莊位於 Stellenbosch 產區，莊主 Ken Forrester 在 1993 年買下這歷史悠久的葡萄園，該園自 1689 年便開始種葡萄。莊主以自家種植的 Chenin Blanc 葡萄而聲名大噪，因而亦有「Mr. Chenin」的別號。這款白葡萄酒是以 100% Chenin Blanc 釀製，來自精選老樹藤的葡萄，部分樹藤已有 40 多歲。Chenin Blanc 葡萄源自法國 Loire Valley，該區出

作者與 Ken Forrester 酒莊莊主「Mr. Chenin」攝於南非酒展。

產的 Chenin Blanc 葡萄酒也是最著名的,而此來自南非的白酒卻能同樣躋身世界前列位置,十分難得,可見釀酒師的功力。此系列白酒為酒莊旗艦白酒,獲獎無數,此酒屬 2018 年年份酒,葡萄以人手採摘,並於橡木桶中陳釀約 12 個月。

◎品酒體驗◎

白酒帶淡金黃色,香氣四溢,帶有白花、烤烘、白桃、柑橘及香草的香氣,相當圓潤,入口帶奶油、白桃、礦物、杏脯、香料及蜜糖等味道,極具層次,餘韻適中。

◆食物配搭◆

此白酒酒體豐厚,除了可配海鮮同白肉外,還可搭配更濃味的食物,在節目中配上濃味的上海菜目魚鯗紅燒肉(鯗,粵音:「想」,意指剖開曬乾的魚),白酒提升紅燒肉的肉香,同時亦帶出更多白酒的果香。

Kanonkop Estate Pinotage 2017

Kanonkop 酒莊是出名釀造南非 Pinotage 紅酒的酒莊之一。

最令南非人引以為傲的葡萄品種一定是其本土品種：Pinotage，
是由 Pinot Noir 及 Cinsault 葡萄混合的品種，其味道不像黑皮
諾（Pinot Noir），屬 full-bodied 類型。位於 Stellenbosch 的
Kanonkop 酒莊正是出名釀造南非 Pinotage 紅酒的酒莊之一，
酒莊現在由第四代莊主接手，其 Pinotage 佳釀獲獎無數，葡
萄藤平均年齡約 30 至 65 年，並陳釀於橡木桶中 16 個月。
如果要試 Pinotage 紅酒，我會推介你先試這經典又出名的酒
莊，去了解 Pinotage 的特色。

◎ 品酒體驗 ◎

此酒帶深紅寶石顏色，有濃郁的紫花和紅果香氣，帶紅莓、紅布冧、甜香料、橡木、香料、黑布冧及朱古力等味道，優雅而帶後勁，酸度高，餘韻悠長。

◆ 食物配搭 ◆

此酒屬酒體豐厚的紅酒，配牛扒或南非最出名的燒烤最合適。又或者可配濃味的醬茶鴨，紅酒放大醬茶鴨的茶香及鴨肉香，同時亦帶出更多紅酒的紅果及香料味道，令單寧更順滑。

Klein Constantia Vin de Constance 2015

Klein Constantia 酒莊出產世界頂尖的甜酒。

Klein Constantia 酒莊始於 1685 年，位於 Constantia 產區，出產南非國寶級甜酒，獲獎無數，更被公認為世界最頂尖甜酒之一。在歷史上，它曾受拿破崙及歐洲皇室喜愛，近年更被英國皇室選為國宴用的甜酒，地位非凡。葡萄屬遲採收，全天然在樹上風乾，用人手採摘。以 100% Muscat de Frontignan 葡萄釀造，於不同橡木桶中陳釀最少 3 年，然後再於大缸內混合並陳釀多六個月才入瓶出廠。國際著名酒評人 Tom Atkin 給予 2015 年 Vin de Constance 98 分，值得收藏。

◎品酒體驗◎

酒色呈深金黃色，香氣四溢，帶橙花、蜜糖、糖漬檸檬、熟桃、橡木及雲呢拿等香氣，優雅而口感豐厚，甜而不膩，入口帶橙花、乾花、蜜糖、甜香料、熟梨、乾杏脯、橡木、柑橘果醬、礦物及乾香草等味道，酸度高，餘韻悠長。

◆食物配搭◆

甜酒最適合配搭甜品或鵝肝，但又可試配其他帶蜜糖香的食物。我在節目中選了蜜汁脆黃鱔，甜酒的酸度減去脆鱔的油膩感，同時酒中的蜜糖香及果香，為脆鱔帶來更多香味，同時帶出更多酒的花香及乾果香。

3.5 另類潮流 —— 橙酒

橙酒（Orange Wine）是葡萄酒，因釀造過程延長了白葡萄浸皮時間而釋放出橙黃酒色。

Orange Wine？橙酒？你可能會問：不是在分享葡萄酒嗎？為甚麼會說到以香橙釀造的酒類？答案是：橙酒是近年很流行的一種另類葡萄酒，成份與香橙沒有關係。

Orange Wine 之所以被稱為橙酒，是因為它的顏色一般都會呈橙黃色，甚至琥珀色，但其實是白酒。這種顏色是由於在釀酒過程中，延長了浸皮時間（skin contact）而釋放出微橙黃色，並沒有添加任何色素。那一般白酒為甚麼沒有橙黃色？因為在釀造白酒的過程中，白葡萄是先壓榨出果汁後再發酵的，基本上不太會有浸葡萄皮的過程，所以不會產生這顏色。

沒有橙的橙酒

釀製橙酒時，一般會把先把白葡萄壓榨，然後連同葡萄皮及葡萄籽放入大型容器（如水泥或陶瓷罐）中浸皮發酵，歷時數天或數星期，甚至一年以上不等，視乎釀酒師想達致的風味而定。簡單來說，浸皮的時間越長，酒能萃取的顏色亦會越多。由於採用天然方式發酵，盡量不添加其他釀酒用的化學材料，因此味道與白酒很不一樣，可稱為「自然葡萄酒」（natural wine）。

自然葡萄酒必須以有機或生物動力法的葡萄釀造，即在釀酒的過程中，將人為的因素減到最低，包括以天然方式發酵，盡量不添加其他釀酒用的化學材料，亦不作任何澄清過濾，所以風味會比較強烈，跟常見的葡萄酒味道不一樣。

其實橙酒並不是新發明，早在 8000 年前，位於歐亞交界的格魯吉亞已經有橙酒了，他們稱為琥珀葡萄酒（amber wine）。傳統做法是將壓榨了的白葡萄連皮、葡萄核及葡萄梗一起放進大陶罐「Qvevri」，埋在地下陳釀，釀造出來的白葡萄酒就是最初的橙酒。

近年「新生代」酒迷追求健康及有機，特別留意及追捧有機、生物動力或自然葡萄酒，而新世界國家亦有很多新酒莊或釀酒師推出橙酒，所以亦帶動橙酒成為另類潮流。

我覺得橙酒很特別、很funky（聞起來有一點氧化了的味道及輕微「噏味」），以天然方式發酵及釀造，盡量減低人為因素，保持葡萄的天然風味，不做澄清過濾，酒瓶底一般都有酒渣。味道跟一般葡萄酒不一樣，帶有新鮮果香，有點像喝着水果啤酒般的酸味，又或者說有點像喝着乳酪飲品，酒體較一般白酒豐富，餘韻有一點單寧感覺。這是浸皮所帶出來的味道，很粗獷和原始的感覺。橙酒令人感覺充滿陽光和很夏天，我喜歡在白天或用餐前開一瓶橙酒，營造輕鬆氣氛。

以下分享三款我在節目中介紹過的橙酒，分別來自英國、意大利及格魯吉亞，可以令你對橙酒有更多的了解。

///// 精選推介 /////

Ancre Hill Estates Orange Wine 2019

Ancre Hill Estates 酒莊來自英國的 Wales，始於 2006 年，屬新派酒莊，從 2014 年開始全面轉為釀製 Biodynamic（生物動力）葡萄酒。莊主 Richard Morris 希望可以建立一個環保及可持續的酒莊，就連酒莊的牆也是以稻草包建成，減少建築廢料。另外，酒莊建立了一個可循環再用的排水系統，非常注重減碳，並朝着這個方向去種植葡萄及釀酒。此葡萄酒以 100% Albariño 葡萄釀造， 整串葡萄先浸泡 30 至 50 天，並在木桶發酵，然後在不鏽鋼缸陳釀最少 10 個月，沒有過濾除渣，亦沒有加二氧化硫，帶有沉澱物，屬於自然葡萄酒。英國近年成為新興的新世界葡萄酒國家，主要生產香檳製法有氣酒，但是也有釀

新派酒莊 Ancre Hill Estates 主打 Biodynamic（生物動力）葡萄酒。

造紅酒和白酒。英國酒比較冷門，而這款橙酒就更加特別，值得買來與朋友分享。

◎品酒體驗◎

此自然葡萄酒呈橙黃色，帶有沉澱物（酒渣），有點混濁，充滿果香及乳酪香氣，味道帶有乳酪、礦物、酸種麵包、金桔、桃駁李、橙花等。濃郁果香而餘韻滲出海鹽味道，十分清新。酒標設計亦十分鮮艷，配上卡通圖案，玩味十足。

Radikon Oslavje Venezia Giulia IGT 2015

Radikon現任酒莊莊主Saša Radikon（右）及團隊

這支橙酒源自意大利Friuli Venezia Giulia產區，Radikon酒莊的第一款葡萄酒在1980年面世。酒莊出名釀造優質橙酒，莊主Stanko Radikon是其中一個將橙酒及自然葡萄酒推廣到世界各地的重要人物之一。1995年，Stanko開始使用祖父的古傳釀酒方法，最初是將白葡萄浸泡七天，以增加更多顏色和味道。後來經過莊主研發及修改後，現在的橙酒大約浸泡三個月，然後再放於橡木桶長時間陳釀，最後於瓶內繼續陳釀。這支2015年出產的橙酒，以Pinot Grigio、Chardonnay及

Sauvignon Blanc葡萄釀造。此橙酒浸泡約 3 個月後，再於大橡木桶內陳釀 3 年半，然後再在瓶內靜候約 1 年半才出廠。沒有過濾除渣，沒有澄清，亦沒有加二氧化硫，屬於自然葡萄酒。

◎品酒體驗◎

酒色呈偏金黃的橙色。香氣四溢，帶有柑橘、乳酸、無花果、橙花及堅果等香氣。由於陳釀時間長，味道十分濃郁而具層次。優雅而果香出眾，入口帶乾杏脯、蘋果、柑橘、乳酪、礦物、烤烘、甜香料及烤果仁等味道，帶點單寧質感。這支橙酒的豐富層次，有別於常見以新鮮果香為主調的橙酒風格，令我對橙酒的認識升高一個層次，特別推介給你試試。

Kapistoni Rkatsiteli Qvevri 2018

這支橙酒源自格魯吉亞（Georgia），格魯吉亞是最古老的釀葡萄酒的國家，已有超過 8000 年歷史。格魯吉亞的傳統釀葡萄酒技術並非以木桶釀酒，而是用馳名的陶罐釀酒技術， 而此釀酒技術更被聯合國教科文組織（UNESCO）於 2013 年列為非物質文化遺產。釀酒方法是將葡萄壓榨出果汁之後再連同葡萄梗、皮和籽放進陶罐（Qvevri）內發酵，帶出濃厚酒體，不但酒色更深，香氣濃郁，長期浸泡亦帶出明顯的單寧等。由於長時間埋在地下泥土內，故能有效保持溫度。另一方面，陶罐所用的陶土具有當地風土特色，含豐富礦物質，氣孔比較多，為葡萄酒帶來一點氧化味和鹹味。此酒莊屬家族酒莊，現任莊主已經是第七代掌舵人。此琥珀葡萄酒（Amber Wine）是以本土葡萄 Rkatsiteli 釀造，人

手採收葡萄,沒有過濾除渣,沒有澄清,亦沒有加二氧化硫,其實亦屬橙酒類別,即自然葡萄酒。產量相當少,大約年產 10,000 瓶。

◎品酒體驗◎

此琥珀酒呈淺橙色,果香四溢,帶有橙花、蜜糖、柑橘、烤果仁和乾果等香氣。入口味道帶蜜糖、糖漬李子、乳酪、乾杏脯、合桃、白桃及礦物等,餘韻適中。既然橙酒或琥珀酒最早是來自格魯吉亞的,如果你初嘗橙酒,那就應該試試最原始的味道。

◆ 食物配搭 ◆

橙酒果香濃郁,酒體較為豐厚,可配搭餐前小食如凍肉拼盤或芝士等。身邊很多崇尚有機或自然的朋友喜歡吃素,所以我在節目中介紹了兩款純素菜式去配襯橙酒。其中一款選了「咕嚕棒棒素丸子」,吃一口丸子,再喝一口酒,葡萄酒原有的果香、果仁香及蜜糖香更加突出,餘韻帶有更多單寧的質感,與甜甜酸酸的咕嚕素肉非常夾。另一款是「野菌黑松露椰菜花飯」,椰菜花飯除了帶黑松露香外,更有陳皮香氣,令橙酒的幼滑單寧更具質感,將葡萄酒的香料香氣慢慢散發出來,而橙酒亦令食物爆發更多黑松露及陳皮味。

3.6 另類潮流 —— 素食葡萄酒

純素葡萄酒的酒標會有 Vegan 標誌。

素食是現今世界一大潮流。身邊一直都有朋友吃素,而且越來越多,原因可能是宗教信仰,可能是追求健康,或是環保。素食中又分為素食者(Vegetarian)及純素者(Vegan),純素者除了戒肉類,也不吃蛋、奶、蜂蜜等動物副產品,希望可減免動物受苦,從而減低對地球的傷害和降低碳排放等。吃素的朋友也會喝葡萄酒,但別以為葡萄酒是純素的,因為釀酒過程中可能加入一些與動物有關的元素。就算是有機葡萄酒(Organic)、生物動力葡萄酒(Biodynamic)或自然葡萄酒(Natural),都不一定等於是純素,最重要是看清楚酒標或酒莊的詳細資料。不想麻煩?可以選擇素食葡萄酒。

純素者的知音人

我的素食者或純素者朋友，平時節日或慶祝時也會喝葡萄酒，但原來他們都不知道有素食葡萄酒。素食葡萄酒（Vegan Wine）簡單來說是指不含有動物性物質的葡萄酒。一般酒莊在釀酒過程中會進行澄清（Fining），可能會使用動物物質作澄清劑（Fining agents），這類物質包括加入蛋清、魚油或魚膠等產品，用來清除雜質，然後過濾葡萄酒。而釀造素食葡萄酒時，則以活性炭或膨潤土等非動物性產品等來清除雜質及進行過濾。

除了釀酒過程，還有一些行外人未必留意的細節。例如有些酒莊在葡萄種植過程中，可能加入動物骨或內臟等作泥土的肥田料，這也違背了純素者的理念。另外，在進行封瓶時，亦有機會使用蠟封瓶或用含有其他奶類物質的酒塞等。所以選擇酒標已寫明是素食葡萄酒就最簡單。全球的純素者越來越多，素食葡萄酒絕對是新興勢力，不可忽視的另類潮流。如果你的朋友是 Vegan 又喜歡喝酒，記得幫他選一瓶素食葡萄酒啊！

以下分享三款我在節目中介紹過的 Vegan Wine，包括來自英國的香檳製法氣泡酒、來自西班牙的白酒及來自南非的紅酒，可以有不同酒款任君選擇。

///// 精選推介 /////

Nyetimber Classic Cuvée NV

Nyetimber 是最早於英國種植香檳類葡萄品種的酒莊。

英國是新興的葡萄酒國家，屬於偏涼氣候（cool climate），土壤以石灰岩（chalk soil）為主，風土和法國香檳區有點近似，非常適合種植釀造香檳的葡萄，所以主要生產香檳製法氣泡酒。近年開始有法國香檳酒莊在英國種植葡萄，以釀造香檳製法氣泡酒，證明這風土適合。Nyetimber 酒莊位於英國南部，是最早於英國種植香檳類葡萄品種的酒莊，始於 1988 年，亦是最大和最出名的英國氣泡酒酒莊之一，獲獎無數，

以生產頂級香檳製法氣泡酒馳名。此無年份（NV）氣泡酒以香檳製法釀造，採用香檳葡萄品種（Chardonnay、Pinot Noir 及 Pinot Meunier），陳年最少 3 年才除渣入瓶出廠，層次複雜。此酒屬素食葡萄酒，我第一次喝時，感覺十分震撼，原來英國也有如此高質素的香檳製法氣泡酒，而它亦在多個盲品氣泡酒賽事中獲獎，甚至贏了香檳。所以無論你是否純素者，只要喜歡香檳或氣泡酒，這是我推介你要試的英國佳釀。

◎ 品酒體驗 ◎

此氣泡酒帶淡金黃色，氣泡綿滑，如香檳般優雅，帶白花、蜜糖、牛油麵包及白桃等香氣。層次複雜，入口帶白花、烤烘、杏仁、柑橘、白桃、焗蘋果、蜜糖及礦物等味道，餘韻適中。

◆ 食物配搭 ◆

如果用純素菜式配搭這款香檳製法氣泡酒，很多純素頭盤及小吃都適合，如純素芝士和果仁等。我在節目中選了素魚子醬，菜式以奇亞籽（Chia Seeds）模仿魚子醬，加入海帶等材料，入口帶有海洋鮮味，配上充滿礦物味的氣泡酒，umami 的鮮味滿滿，同時氣泡酒的果香更突出，互相輝映。

Tentenublo Los Corrillos Blanco 2018

Tentenublo 酒莊位於西班牙著名葡萄酒產區之一的 Rioja。

酒莊於 2011 年創立，位於西班牙著名葡萄酒產區之一的 Rioja。酒莊莊主 Roberto Oliván 亦是釀酒師，是西班牙釀酒師界的耀眼新星。Rioja 的白葡萄產量較少，而此白酒產量更罕有，只有約一千多瓶。葡萄田位於高海拔，土壤主要為鈣質泥灰岩（calcareous marl）及砂岩（sandstone）。由於連皮浸泡五天，酒色帶深金黃色，於木桶陳釀 5 個月，以 Malvasía Riojana（Alarije）、Jaén Blanca 及 Viura 葡萄混釀而成，香

氣四溢,果香濃郁。這酒是素食葡萄酒,亦屬橙酒類別,我喜歡那份花香和清新果香,所以想在此與你分享。

◎ **品酒體驗** ◎

此白酒帶深金黃色,香氣四溢。我在節目中用 Burgundy 白酒杯品酒,由於杯形比較闊身,可帶出更多花香及果香。此酒帶白花、橙花、蜂蠟、乾杏脯及香草植物等香氣,入口帶柑橘、橙花、乾杏脯、礦物、香料、火石及合桃等味道,有少少單寧的質感,是很特別的素食葡萄酒。

◆ **食物配搭** ◆

如果要配純素食物,油炸做法較適合配襯清爽而充滿果香的白酒。我曾試配椒鹽炸豆腐,清新的白酒可減少炸物的油膩感,亦放大了豆腐的黃豆香,而食物亦帶出更多白酒的乾果及乾草本植物香氣。

Bellingham The Bernard Series Small Barrel SMV 2017

此酒莊成立於 1693 年，已有 300 多年歷史，是南非最早釀造葡萄酒的酒莊之一。這系列 The Bernard Series 是以酒莊創辦人之一的 Bernard Podlashuk 命名，向這位創辦人致敬。此紅酒來自 Paarl 酒區，限量出品，於法國橡木桶陳釀 14 個月，以 62% Shiraz、36% Mourvèdre 及 2% Viognier 葡萄混釀而成，屬素食葡萄酒。南非是近年做得越來越有質素的葡萄酒國家之一，這酒莊歷史悠久，獲獎

Bellingham 酒莊已有 300 多年歷史，圖右為酒莊創辦人之一的 Bernard Podlashuk。

無數，同時亦兼顧純素食者的需要，我覺得非常窩心，值得推介。

◎ 品酒體驗 ◎

此紅酒帶深紅寶石色，優雅而帶有紫花、黑莓、車厘子、雲呢拿、甜香料、烤烘及黑胡椒等味道，果香突出，單寧優雅，餘韻悠長。

◆ 食物配搭 ◆

紅酒適合配搭一些比較濃味的食物，否則容易蓋過食物本身的味道。對於純素者來說，可選擇一些味道較濃的菇菌類或濃味醬汁的食物。我在節目中配了「烤杏鮑菇素帶子」，以杏鮑菇化身成帶子，菇味及醬汁濃郁，不會被紅酒蓋過，反而令菇味更鮮甜，而紅酒亦帶出更多果香，單寧更順滑。

酒匀世界今晚 Chill

第四章

日本清酒

4.1 千變萬化 清酒

來福酒造製麴。

我的第一口日本清酒,是跟爸爸在香港日式居酒屋喝的。爸爸愛酒,更刻意培養我和姐姐品酒、喝酒的習慣,由葡萄酒、威士忌到干邑等,清酒也不例外。記憶中的第一口清酒,有點像喝水,但邊吃刺身邊再細嚐,就會慢慢感受到酒中的米香及果香。原來清酒是這樣的味道。

香港人越來越喜歡喝日本清酒,很多日式餐廳引入不同種類和品牌的清酒,市面亦多了各式的日本清酒酒吧、清酒專門店,甚至某大型連鎖超級市場每年也舉辦日本清酒祭,便知道它的吸引力。出來工作後,我認

識了很多喜歡日本清酒的朋友，參加過大大小小的日本清酒晚宴，漸漸對日本清酒產生濃厚的興趣。香港的清酒酒商，不時舉辦清酒晚宴，尤其當酒藏藏元或杜氏訪港時；有一次的清酒晚宴更是配上海菜，十分驚喜。興之所至，我會和朋友每人帶一支日本清酒出來分享和研究，由於越喝越喜歡，於是考取了日本清酒的 WSET 第三級清酒國際認證（第三級暫時是最高級別的），能從多角度更深入了解及品評清酒。

其實「Sake」在日本是稱為日本酒（Nihonshu），「Sake」在日文只解作酒類，但對多數外國人來說，日語「Sake」就是「清酒」，約定俗成就接受了。根據日本的法規，日本酒是用水、米和米麴為主原料所發酵製成的酒，亦稱為釀造酒，酒精度必須在 22 度以下。發酵完的日本酒是帶有酒粕的（奶白色）濁酒，經過濾後成為清酒。

日本清酒的類別

日本清酒主要分為兩大類，分別是「普通酒」和「特定名稱酒」。普通酒屬最低級別的入門清酒。「特定名稱酒」則分為以下八類：純米大吟醸、大吟醸、純米吟醸、吟醸、特別純米、特別本醸造、純米及本醸造。

看似很複雜，但只要認清幾個詞彙就變得簡單。首先是「精米步合」，即每一粒米磨剩的百分比。一般來說，精米步合比例越低，級數越高，剩下的米心越小，磨走的雜質越多，釀出來的清酒會更清純細緻。例如精米步合 60%，是指把米粒磨掉外層 40%，剩下 60% 的意思。「吟醸」的精米步合須在 60% 以下，「大吟醸」的精米步合須在 50% 以下。另外是了解有沒有添加釀造酒精，大致可以「純米」酒系和「本醸造」酒系去劃分。「純米」是指沒有添加其他釀造酒精，製作過程中僅以水、米、米麴來發酵。「本醸造」酒系是指添加了其他釀造酒精，目的是提升清酒的香氣。另外「吟醸」的意思是指以一種低溫發酵的製法釀造清酒，令酒散發米香以外的果香，也是其受歡迎的原因。

除了吃日本菜外，我亦喜歡在吃火鍋時喝清酒。因為火鍋食物很熱，通常以凍飲配搭，但白酒比較輕巧，食物加醬料後會蓋過白酒的味道，清酒則不會被蓋過，同時亦帶出更多米香和果香。有一些清酒的背面會寫着建議飲用溫度，可作參考。如果是帶優雅花香果香，不建議熱飲，因為溫熱了的清酒會散失那細緻花香及果香的味道。以下分享三款我在節目中介紹過的日本清酒，屬不同類別，包括一款超精米清酒、一款有氣清酒及一款大吟釀清酒，可比較不同類別清酒所帶來的不同風格。

來福酒造用自家種的花作為花酵母。

///// 精選推介 /////

來福酒造。

來福純米大吟釀超精米 8%

位於日本茨城縣的來福酒造，創立於 1716 年，有超過 300 年的歷史。名為「來福」，意為祝福，為清酒添上福氣。來福擅長以自家研發的花酵母及約十種的米來釀造清酒，近年不斷成功挑戰超低精米步合，推出珍貴的低精米步合清酒，獲獎無數。

近年清酒界開始走向「超精米」的新趨勢。甚麼是「超精米」？其實是指「精米步合」的技術越來越進步，磨走的

米表面比率越來越高,剩餘米心的比率越少,便稱之為「超精米」。大家或許聽過「二割三分」,即是磨剩 23%,當年已經覺得很厲害。但近年有更多酒造出產少於 10% 精米步合的超精米清酒。如果在磨米過程中的米粒斷了,它便不可以用作釀酒,試想像米本身已經很小,再磨走百分之 90 以上的米,每粒米心真的超小,而越近米心代表越精細,雜質越少。到底要多少米才可釀製一瓶超精米清酒?可想而知,此清酒相當矜貴!

◎ 品酒體驗 ◎

來福純米大吟釀超精米 8%,是指此清酒把米精磨至 8%(即是將 92% 的米磨走!),並加入花酵母低溫發酵。酒色清澈,非常清雅,帶淡淡的花香和果香,入口味道帶有優雅的白花、香蕉、蜜瓜及淡淡的梨子和蘋果等,餘韻悠長帶淡淡的米的甘甜,十分細緻。我第一次喝時,感到很驚喜,因為原本估計風格清淡,但結果是帶淡雅而細緻的層次!喜歡清酒的你一定要試嚐超精米的精緻!

◆ 食物配搭 ◆

如此細膩的清酒味道,其實單飲最好。如果想配一些小吃或前菜的話,可選擇刺身或蟹子青瓜沙律等清淡的食物。我在節目中將之配搭鰹魚刺身,清酒提升了鰹魚的鮮味,亦帶出更多清酒的果香及米香。

七賢酒造。

七賢星之輝氣泡清酒

位於山梨縣白州市的七賢酒造，始創於 1750 年，以日本名水百
選中的「白州之水」來釀造清酒，水質清澈甘甜，所釀造的清
酒優雅細膩。雖然有約 300 年歷史，但酒造亦與時並進，不斷
創新。近年興起氣泡清酒，酒造亦推出以香檳製法的氣泡清
酒，並於瓶身背後列明製造及出廠日期，與香檳相似，獲獎
無數，人氣急升。

此酒以香檳製法在瓶內進行二次發酵，並以去蕪存菁的作
法呈現一般香檳的透明感，最後再以軟木塞封瓶，可以說

是日本清酒版的「香檳」。有些朋友不知道有「氣泡清酒」，所以我愛帶一瓶特別的氣泡清酒與朋友分享，打破他們既有的觀念並帶來驚喜。

◎ **品酒體驗** ◎

酒色清亮，散發優雅的水果香氣，有香梨、百合花、蜜瓜和米香等香氣。入口優雅而氣泡綿密柔滑，感受到米香之餘，還有香梨、蜜瓜和百合花香等味道，餘韻適中而帶回甘。喜歡香檳的我，對新興的香檳製法氣泡清酒十分感興趣，試了多個酒造的出品，我喜歡這酒比較乾身，氣泡綿密，正是香檳的吸引力。

◆ **食物配搭** ◆

氣泡清酒配搭很多小吃或前菜皆匹配，例如意大利火腿配蜜瓜或淡芝士等。如果配日本菜，我在節目中介紹了海膽茶碗蒸，氣泡清酒提升了海膽的鮮甜旨味，蒸蛋亦襯托出清酒的梨香和米香。

福壽大吟釀

不少日本酒造都擁有自家米田。

來自兵庫縣神戶市的酒造神戶酒心館，創業於 1751 年，歷史悠久，獲獎無數。福壽賣點是以日本名水百選的「宮水」來釀清酒，並採用日本酒米中最出名的兵庫縣產「山田錦」，精米步合 50％，以傳統技術低溫發酵而成。前面已分享了一款超精米清酒及一款氣泡清酒，我覺得要品嚐一款傳統的大吟釀才算圓滿。

◎ 品酒體驗 ◎

酒色呈清澈淡黃色，優雅而散發清爽的果香，帶有香梨、百合花、蜜瓜和米香等香氣。入口清爽而具層次，帶淡淡的香梨、米香、乳酸、百合花及穀物等味道，餘韻適中而帶回甘。

◆ 食物配搭 ◆

此清酒優雅而帶淡淡果香及花香，適合配搭清淡一點的食物。我在節目中配搭了螢光魷魚，清酒提升螢光魷魚的清新感，同時亦散發出更多清酒的果香。

4.2 喝出花雕味道 古酒

久保本家酒造。

你能想像將日本酒散發花雕的味道嗎？我第一次試古酒是參加一個清酒酒造的晚宴，一試便愛上那醬油及乾菇味道，香到不得了！還有乾果及焦糖等味道，有點像喝着中國花雕，十分特別。

喜歡日本清酒的朋友，都知道清酒的賞味限期比葡萄酒短很多。一般清酒最好在製造日期起計，半年至一年內喝掉，如果是清酒生酒就更短，建議最好在製造日期起計，三個月內把它喝掉。一般清酒都是喝它新鮮的果香和米香等味道，但有一種類別的清酒 ──「古酒」，卻是越舊越好喝，由淡金黃色至琥珀色都有。

經過熟成的清酒

何謂「古酒」？日本酒古酒顧名思義就是「長期貯存的清酒」，可被標示為「古酒」、「熟成古酒」、「秘藏酒」、「長期熟成」等。日本尚未有一套針對古酒生產的正式法規。一般而言，新品清酒貯存一至兩年以上可稱為古酒。至於長期熟成古酒，根據日本「長期熟成酒研究会」的定義，是經過三年以上熟成。古酒熟成可在不同的溫度下進行，主要分為「常溫熟成」及「低溫熟成」，還有「冰點熟成」。在不同溫度熟成的古酒，出品亦會不一樣。隨著不同年份的熟成，酒色會慢慢增添琥珀色的深度。味道方面，會產生乾菇、木香、果仁、乾果、焦糖及醬油味等，有別於一般清酒的果香和清爽口味。

可惜香港沒有太多古酒的選擇，可能這類別的清酒還需更多時間去讓大家認識。以下分享三款我曾在節目中介紹的日本古酒，包括一款熟成吟釀清酒、一款生酛純米吟釀熟成清酒及一款熟成 24 年純米古酒，可以品嘗到不同熟成程度帶來的不同風格。

///// 精選推介 /////

菊姬 加陽菊酒 吟釀

菊姬酒造。

位於石川縣的菊姬酒造,創業於 16 世紀,歷史悠久,是石川縣著名的酒造之一。此酒曾在日本著名歷史人物豐臣秀吉的傳記中登場,並以其發源地來命名,名為「加賀之菊酒」。酒造只選用兵庫縣山田錦米來釀酒,而水是選用名水百選之一的「靈峰白山」伏流水,非常講究,因此聲譽甚高。此酒被定位為「熟成的吟釀酒」的入門作,熟成兩年以上,精米步合 55%,屬吟釀級別,不會容易喝膩。我試過不同的古酒,有些味道特別濃郁,全晚只喝它,可能會覺得太濃。但這款酒作為古酒入門版,可以及輕鬆地讓大家循序漸進了解古酒的韻味。

◎ **品酒體驗** ◎

此酒經過兩年多熟成，帶淡黃酒色，入口順滑而圓潤，香氣四溢，帶一點乾菇、醬油、礦物以及炒米等味道，還帶有焦糖的甘甜味，餘韻醇厚。

◆ **食物配搭** ◆

此古酒圓潤醇厚，帶點醬香，可配搭肉類或較濃味食物。由於具層次及乾身，打邊爐亦很夾。可以試試配南乳吊燒雞，古酒的醬香和南乳香很夾，同時亦帶出古酒更多米香。

睡龍 生酛純米吟釀熟成

位於清酒發源地奈良縣的久保本家酒造，始創於 1702 年，逾 300 年歷史。此酒採用釀造清酒最古老方法之一的「生酛」釀造法，並經過約 10 年長期熟成。生酛採用天然乳酸菌來製造酒酵母，經人手搗碎米麴促進發酵的「山卸」程序，十分費時及複雜，願意用這釀造方法的酒造不多。以生酛製成的清酒味道濃郁，因含較多的乳酸，酸度比一般清酒高。加上長期熟成所帶來的複雜層次和味道，十分特別，可為常常喝花香、果香類型清酒的朋友，帶來多一分驚喜和選擇。

睡龍的長期熟成室。

◎品酒體驗◎

酒色清澈帶淡金黃色，香氣四溢，極具層次，帶玄米、炒米香氣，另外亦帶乾菇、杉木、乳酸、礦物、醬油及海洋的鮮味，入口味道渾圓柔和，還有少許乾梅香，餘韻悠長。

◆食物配搭◆

此酒帶醬油、乾菇及玄米等香氣，可以考慮配搭菇菌類或海鮮類食物。我在節目中選了上海菜河蝦仁，此酒的醬油香及礦物味可帶出更多河蝦仁的鮮甜味，同時亦為河蝦添上點點米香，增加食物味道的層次。而河蝦亦助古酒釋放更多的醬香及米香。

長良川 7 段仕込み純米古酒 1996 年

此酒來自岐阜縣的小町酒造，成立於 1894 年。酒造採用日本名水百選的著名水源「長良川の伏流水」，以及岐阜縣的飛驒譽米來釀造清酒，並將酒窖模仿成一個自然環境，播放河水聲音樂，讓清酒自然發酵。此酒熟成超過 24 年，獲獎無數。我很喜歡這古酒的複雜層次，餘韻極悠長，有點像三十年陳年花雕，買來跟朋友分享，一定話題不絕，驚喜萬分。

◎ 品酒體驗 ◎

此酒呈深金黃帶琥珀顏色，香氣撲鼻而具層次，圓潤醇厚，帶有乾梅、焦糖、味噌及炒米等香氣，同時帶玄米、醬油、乾冬菇、乾松茸、乾海藻、焦糖及礦物等味道，有點像中國陳年花雕酒的香氣，酸度明顯，層次複雜，餘韻極悠長，帶焦糖回甘及乾梅的餘韻。

◆ 食物配搭 ◆

我覺得這複雜的古酒配上海菜很夾，尤其它帶點陳年花雕的韻味。我在節目中配了小籠包，小籠包清淡之中帶肉香，而古酒的乾梅、乾菇及醬香可提升食物的味覺層次，帶出更多小籠包的肉香。同時食物亦令古酒的玄米、醬油、乾菇、乾海藻及焦糖更突出，互相輝映。

4.3 清爽活潑 氣泡清酒

獺祭清酒的釀造過程。

喜歡香檳的我，對日本氣泡清酒有一定的情意結。和朋友把酒言歡，發現有些朋友雖然常喝清酒，卻未有喝過氣泡清酒。另一些朋友曾在日式超市購買氣泡清酒，卻沒聽過或喝過香檳製法的氣泡清酒。其實氣泡清酒是 90 年代才開始發展的類型，因為年輕一代覺得清酒老土，所以氣泡清酒是其中一款新類別用以吸引年青人。

氣泡清酒主要分為瓶內二次發酵及添加二氧化碳兩類。第一種跟香檳製法相似，酵母在瓶內是持續發酵，產生二氧化碳，用較長時間讓氣泡自然產生，氣泡較綿密細緻。第二種是加入二氧化碳產生氣泡，口感有所不同。另外，有些清酒會出現微氣泡（slightly sparkling），一般無過濾生原酒或濁酒會出現微氣泡，原因是無經過「火入」加熱殺菌過程，酵母

仍在瓶內持續的發酵,產生一些幼細的微炭酸。生原酒更是無加水便出廠的清酒,因而可品嚐到其原味。

以下分享三款日本微氣泡及氣泡清酒,部分在節目中介紹過,包括一款微氣泡清酒、一款有氣清酒及一款有氣濁酒,看看不同類別所帶來的不同風格。

///// 精選推介 /////

白岳仙「御空」純米大吟釀 微發泡 無過濾生原酒

位於日本福井縣的安本酒造,始於 1853 年,為了展示福井縣的風土條件,所有清酒都是採用福井縣生產的酒造好適米釀造,並以福井的白山水脈地下水釀酒,產量少。此酒選用福井縣產「吟之里」酒米,精米步合50%,以自家研發的酵母發酵,此批微發泡清酒只限量出產 300 瓶,屬純米大吟釀級別,由於是無過濾生原酒,帶微氣泡口感。

無過濾生原酒的意思,簡單來說,是沒有經過完全過濾、沒有經過火入(加熱殺菌)和沒有加水的清酒生酒,酒內還會有生酵母,仍能在瓶內持續的發酵,產生一些幼細的微炭酸。

想了解氣泡清酒,我覺得應該先試帶有微氣泡的清酒,感受一下微氣泡的口感,然後再試氣泡清酒來作比較。

安本酒造採用福井縣生產的酒米。

◎品酒體驗◎

酒色呈淡黃色，帶清新果香，有米香之餘，還有香梨、蜜瓜、白花和乳酪等香氣。入口能感受到微氣泡帶來的新鮮清爽口感，米香突出之餘亦果香四溢，有蜜瓜、香梨、奶油、乳酪和白花等味道，餘韻帶米香及微碳酸。

◆食物配搭◆

充滿活潑果香及米香的微氣泡清酒，配刺身或餐前小吃很夾，又或者點心類食物亦可以，例如蘿蔔絲酥餅，微碳酸的清爽令酥餅沒那麼油膩，蘿蔔絲更清甜，亦帶出更多清酒的米香。

南部美人AWA氣泡清酒

南部美人酒造位於岩手縣的二戶市，始創於 1902 年，採用折爪馬仙峽的伏流水釀造旗下清酒，希望讓做出截然不同、猶如美人般優雅美麗的風格。這款南部美人 AWA 氣泡清酒，是旗下首款香檳製法、瓶內二次發酵的氣泡清酒，而且是透明而不是混濁（濁酒），獲獎無數，連續兩年於「Sake Competition」中的氣泡酒類別中贏得第一名。為慶祝 2020 年東京奧運年，南部美人連同其他三間酒造一同推出以葛飾北齋浮世繪為酒標的 AWA 氣泡清酒，充滿日本風情。如果你喝過南部美人的清酒，但不知道酒造有瓶內二次發酵的氣泡清酒，值得一試。

◎ 品酒體驗 ◎

酒色呈清澈無色，散發優雅的水果香氣，氣泡綿滑，帶百合花、香梨、燕麥等香氣，清爽平衡而乾身，餘韻帶溫柔的米香。我在一次清酒祭中試了這氣泡清酒，覺得作為第一次推出的氣泡清酒來說，水準十分高，非常驚喜，酒標亦相當吸引。

◆ 食物配搭 ◆

氣泡清酒配搭很多小吃或前菜都很夾，可考慮配帶點芝士香氣的食物，例如芝士小籠包，清酒的清爽及氣泡放大了芝士香和肉香，而食物亦令酒內的米香更易釋放，以及帶出更多果香。

獺祭有氣濁酒 45 純米大吟釀

獺祭在日本及海外相當出名，不少喜歡清酒的朋友都聽過或喝過「二割三分」、「三割九分」等經典作品。位於日本山口縣的旭酒造。莊主櫻井博志接手家族酒造後，為求突破而創立新清酒品牌「獺祭」，於 1990 年從新出發，推出以精米步合超精米為賣點的優質清酒，集中釀造純米大吟釀，令酒造打出名堂。此有氣濁酒以山田錦米釀造，以香檳製法進行二次瓶內發酵，屬純米大吟釀級別，利用網眼比較粗的布料壓榨出來的清酒，可令微粒較細的酒粕和米麴保留在酒內，精米步合 45%，酒精度 16%。有氣濁酒也是其中一款氣泡清酒的類型，我覺得味道上帶多點米的甘甜，沒那麼乾身。對於不太喝酒的朋友來說，會很容易接受。

◎品酒體驗◎

酒色呈米水白色，果香豐盈，除米香的甘甜味突出外，還帶熟梨、百合花、蜜瓜及乳酪等香氣。氣泡綿滑，入口帶微甜，鮮果味澎湃，有蜜瓜、熟水晶梨、香蕉、百合花、奶油、米和乳酪等味道，順滑濃厚，餘韻帶米的甘甜。

◆食物配搭◆

由於有氣濁酒味道濃郁而帶米甜，可配襯帶點麻辣的食物。我在節目中配了重慶麻婆豆腐，濁酒令食物的麻香和豆腐香更濃郁，而菜式的辛辣麻香亦令濁酒內的熟水晶梨、蜜瓜和香蕉等果香變得更豐富。

4.4 突破常規　木桶熟成清酒

於木桶中陳存的清酒，圖為 Cave d'Occi 酒莊的酒桶。

第一次喝經過木桶熟成的清酒時，心情很興奮，那份來自酒桶的層次很鮮明，比過烈酒桶的紅酒還要突出，很特別的體驗，所以在此分享。

烈酒在陳釀過程中會進行過桶（Cask Finish）是常見的，尤其是威士忌，有時會過甜酒桶、香檳桶、紅酒桶或冧酒桶等，為烈酒加添層次。近年葡萄酒界也興起這種 crossover 潮流，推出烈酒桶熟成的紅酒，例如在波本威士忌桶、黑麥威士忌桶、或冧酒桶內熟成，帶來不一樣的風味。這陣風潮同樣吹向清酒界，近年越來越多清酒酒造推出新款酒，可能因為新一代勇於創新，又或者希望打入年輕人及國際市場，出現百花齊放，造福了喜歡喝酒的人！

一般清酒，是不會像葡萄酒般入木桶陳釀。入過木桶的清酒，顧名思義是把清酒放進釀過葡萄酒或烈酒的酒桶內熟成一段時間，目的是把酒桶的橡木香及原有的酒香在陳釀過程中滲入清酒中，為清酒加添不一樣的味道。如果你問我喜歡傳統的清酒，還是特別類型的清酒？我認為特別類型可為味蕾帶來新鮮感，愛酒如我，在不同日子試不同的酒款，會覺得更高興。

以下分享三款我在節目中曾介紹的過桶清酒作品，包括一款入過白酒桶的純米大吟釀清酒、一款入過白酒桶的純米吟釀清酒及一款入過雪莉桶的古酒，各具特色，試試過不同酒桶所帶來的不同風格。

///// 精選推介 /////

Fusion 香港限定版：
長陽福娘 ✕ Cave d'Occi Winery 純米大吟釀

Fusion 是一個清酒項目，2020 年開始進行，以木桶為媒介，將日本清酒酒造與日本葡萄酒酒莊聯乘一起，創造一種全新的清酒類別，每次合作單位都不同，以一期一會形式呈現，項目至今已創造約 40 項合作。此清酒為香港限定版，只出一桶，約有300 瓶。以山口縣岩崎酒造的長陽福娘山田錦純米大吟釀，聯乘新潟縣葡萄酒莊 Cave d'Occi Winery，在 Chardonnay 白酒桶內熟成 132 日。此酒以山田錦米釀造，精米步合為 50%。好特別的香港限量版清酒，帶來平時清酒不會有的橡木香氣，值得支持。

◎品酒體驗◎

酒色呈淡檸檬色，香氣撲鼻，帶橡木、柑橘、香梨、米香、熱情果和菠蘿等香氣，入口有點像葡萄酒，還有點似 Chardonnay，帶些酸度之餘，還散發著菠蘿、熟梨、米和橡木等味道，優雅而清新。這款入過 Chardonnay 木桶的清酒，只是看顏色都已經帶點白酒的影子，聞香也有橡木香氣，我覺得很有趣，可以一試。

◆食物配搭◆

帶果香及橡木香的清酒，味道比較濃郁，配襯串燒或鐵板燒也不錯。如果配西式前菜，我建議配火腿拼盤，清酒的果香可減去火腿的鹹味，同時帶出清酒更多的果香及橡木香。

五町田酒造。

東一 甲州葡萄酒樽貯藏 純米吟釀

此清酒是用葡萄酒瓶裝的純米吟釀，是白酒與日本酒的聯乘之作。五町田酒造位於佐賀縣，始於 1922 年，旗下的東一清酒十分出名。佐賀縣有日本米鄉之稱，酒造以自家種植的山田錦米釀製清酒，出產以精品而聞名，曾獲多個獎項。這款酒是東一清酒與山梨縣著名的勝沼酒莊合作，清酒放於甲州葡萄酒桶熟成 4 個月，既保留清酒米旨的香濃豐潤，又能品嚐到白酒木桶的香醇木香。以山田錦米釀製，精米步合為 49%。

◎品酒體驗◎

酒色呈淡檸檬色，帶香梨、蜜瓜、橡木、白花、少許紅莓及柑橘等香氣，果香四溢，入口帶有點點柑橘、白花、香梨、蜜瓜、烤烘、橡木、蒸米、甜香料及香蕉等味道，口感圓潤而帶奶油香及米香，餘韻適中。這款帶點橡木香氣的清酒，添加葡萄酒色彩，十分有趣。

◆食物配搭◆

經葡萄酒桶熟成的清酒帶多點橡木香氣，可配較重味的食物，例如意大利燒春雞。清酒帶有少少酸度，可減低燒雞的油膩感，而燒雞又能把清酒內的柑橘、香梨、蜜瓜和米香等誘發出來。

把清酒放進釀過葡萄酒或烈酒的酒桶內熟成
一段時間，為清酒加添不一樣的味道。

絲 雪莉木桶熟成清酒

小山本家酒造灘濱福鶴藏位於兵庫縣，2003 年開始研究酒桶
熟成清酒。此酒是以清酒原酒放進美國雪莉酒桶內熟成幾年，
讓清酒充份吸收雪莉桶精華，酒精度 25％。以「雲母唐長」
作酒標圖案，相當精緻。「雲母唐長」的圖樣是以木版用
手工一張張複製，經過 400 年的漫長歲月，傳承至今的
唐紙圖樣，配上時尚的粉藍顏色，十分獨特。這款外形有
點像威士忌的熟成清酒十分獨特，充滿雲呢拿香氣，令
味蕾充滿驚喜，我十分喜歡它具層次的古酒香氣和橡木
香氣，一試難忘。

◎品酒體驗◎

酒色呈深金黃色，有點像威士忌顏色，香氣四溢，帶雲呢拿、椰子、蜜糖、乾果及熟果等香氣，入口圓潤順滑，帶有雲呢拿、椰子、提子乾、蜜糖、熟梨、乾杏脯、香菇和米香之餘，還散發著旨味、醬油、礦物及海鹽等味道，層次豐富，餘韻悠長。

◆食物配搭◆

經過雪莉桶熟成的清酒與芝士可說是絕配，如是奶油味道濃郁的芝士，可釋放更多熟成清酒內的奶油香、蜜糖香和乾果香氣；換成濃厚鹹香味道的芝士，尤其硬芝士，可提升酒內的烤烘味及橡木味，同時亦令芝士的味道更濃郁。

酒匀世界今晚 Chill

第 五 章

威士忌

5.1 威士忌的歷史與類別

威士忌廠內的麥漿桶。

來到烈酒篇，第一個出場的當然是風頭如日中天的威士忌。等等，到底它的英文是 Whiskey 或 Whisky？答案：都對。美國及愛爾蘭威士忌稱為 Whiskey（有「e」），其他如蘇格蘭、印度、日本等威士忌，由於都是沿用蘇格蘭的威士忌製作方法，所以稱為 Whisky。

很多人以為蘇格蘭威士忌是威士忌的始祖，才不是！愛爾蘭威士忌才是威士忌的源頭，可追溯至 12 世紀。第一份有關於愛爾蘭威士忌的文獻記載在 1405 年出現，而蘇格蘭威士忌最早的記載則是在 1495 年。因此，愛爾蘭威士忌比蘇格蘭威士忌更早被記載下來。愛爾蘭威士忌的製作方式和蘇格蘭的有所不同，前者通常是三重蒸餾，後者則通常是兩重蒸餾。

單一麥芽威士忌（Single Malt）

由單一蒸餾廠（Single Distillery）釀製的麥芽威士忌，市面上最常見的產地為蘇格蘭，但其他國家也有生產。根據蘇格蘭法規，要被稱為單一麥芽蘇格蘭威士忌（Single Malt Scotch Whisky），只能以發芽大麥為原料，並經過壺式蒸餾器（pot still）蒸餾，再陳釀於特定容量的木桶至少 3 年以上，才可出廠。單一麥芽威士忌容許酒廠於單一蒸餾廠當中，抽取不同年份、不同木桶的原酒，調和出最終的單一麥芽威士忌成品。

The Glenlivet 威士忌酒廠的蒸餾室

調和威士忌（Blended Whisky）

跟據蘇格蘭法例，有三類調和威士忌。第一類，亦是最普遍的，是蘇格蘭調和威士忌（Blended Scotch Whisky），是挑選來自不同威士忌蒸餾廠，至少一種單一麥芽威士忌和至少一種單一穀物威士忌混合而成， 調配出最能代表品牌口味的調和威士忌。另外還有調和麥芽威士忌 Blended Malt Whisky，即以不同威士忌蒸餾廠的麥芽威士忌混合在一起，以及調和穀物威士忌 Blended Grain Whisky，即以不同威士忌蒸餾廠的穀物威士忌混合在一起。

接下來會和大家分享在節目中介紹過的熱門威士忌，包括蘇格蘭威士忌、日本威士忌及單桶威士忌。

5.2 傳統的魅力 蘇格蘭威士忌

我很喜歡蘇格蘭威士忌，這份喜歡支持我考取了蘇格蘭威士忌大使的資格。第一個教我喝威士忌的人，仍然是爸爸，由蘇格蘭威士忌到日本威士忌，單一麥芽威士忌（Single Malt Whisky）到調和威士忌（Blended Whisky）都有喝。

讀書時期，你或者也有相同的經歷，就是在卡拉OK喝「綠茶溝威士忌」。我喝過很多，多得一喝便知混的是 Chivas Regal，還是 Johnnie Walker Black Label，是很有趣的回憶。

威士忌酒廠深度遊

成為酒評人及專欄作家後，去過多間蘇格蘭威士忌酒廠深度遊，到訪產區包括 Highland、Speyside、Islay 及 Campbeltown 等。最難忘是參觀

The Macallan 位於 Speyside 的新酒廠。

晚上住在麥卡倫酒標上的大宅 Easter Elchies House。

The Macallan（麥卡倫）位於 Speyside 的新酒廠，2018 年開幕，位處一座小山丘，酒廠就在山丘之下，與大自然融為一體。酒廠內有威士忌展覽館，展覽不同年代和系列的麥卡倫威士忌。如果你是麥卡倫威士忌粉絲，一定很興奮。夜晚住在麥卡倫酒標上的大宅 Easter Elchies House，可以直接從這座建於 1700 年的大宅望向新酒廠，以另一個角度去感受這美麗的建築。在這標誌性的大宅內，喝著麥卡倫 25 年威士忌，感覺相當夢幻。

The Macallan 展覽館展出過的酒瓶包裝。

另一難忘體驗亦是在 Speyside，參觀蘇格蘭史上第一間正式擁有牌照的蘇格蘭威士忌廠 The Glenlivet。在用作陳年威士忌的倉庫，我看到英國查理斯三世國王專屬的單桶威士忌。沒錯，查理斯三世也是很喜歡喝威士忌的。最後，在酒廠的餐廳吃一杯自家品牌的 The Glenlivet 12 年威士忌雪糕，這是我第一次食這品牌的威士忌雪糕，若嫌威士忌味道不濃，可以額外加點威士忌，份外醒神。

蘇格蘭威士忌主要分為五個酒區，包括 Highland、Lowland、Speyside、Islands（包括 Islay）及 Campbeltown。單是 Speyside 已有 50 多間威士忌酒廠，屬於最密集的酒區，又稱為蘇格蘭威士忌的心臟。我在節目中介紹過多款來自不同蘇格蘭酒區的威士忌，在這裏分享其中 4 款單一麥芽威士忌，包括兩款 Speyside 威士忌、一款 Islay 威士忌及一款 Highland威士忌。

The Glenlivet 12 年
威士忌雪糕

查理斯三世專屬的
單桶威士忌。

///// 精選推介 /////

The Balvenie Caribbean Cask 14 Year Old

The Balvenie 威士忌酒廠。

Speyside 威士忌酒區會以不同木桶陳年威士忌，而最出名是以雪莉桶陳年的威士忌，一般都比較甜香，帶乾果香及香料等味道。The Balvenie 酒廠座落於蘇格蘭 Speyside 酒區的 Dufftown，自 1892 年開始釀造威士忌，是少數維持古老傳統手工藝生產威士忌的酒廠。採用自家種植的大麥，以人手進行鋪地發芽工序，更有自家工匠製造威士橡木桶等，所出產的威士忌充分表現手工製作的特色。此威士忌在傳統木桶內陳釀 14 年，然後再於冧酒桶內作最後陳釀，所以會帶多點拖肥、乾果及雲呢拿等味道。很多朋友問我買甚麼威士忌的性價比較高，我認為現在要買到

18 年或 21 年的威士忌很不容易，而且頗貴，相對之下，這支 14 年的威士忌作輕鬆品嚐已經很好，平衡而帶豐富果香，性價比高，值得考慮。

◎ 品酒體驗 ◎

酒色呈深金黃色，活潑而充滿蜜糖及熱帶水果香氣，味道帶有雲呢拿、蜜糖、拖肥、烤烘、熱情果、芒果乾及生薑等。容易入口，相當甜美，餘韻帶雲呢拿甜香。

The Glenlivet 21 Year Old

蘇格蘭 Speyside 著名的威士忌廠 The Glenlivet，是當地最大的威士忌酒廠之一，亦是第一間於 1824 年已正式獲政府發牌的蘇格蘭威士忌酒廠。此 21 年威士忌在不同橡木桶中熟成，包括美國橡木桶和歐洲雪梨桶，帶來層次複雜及平衡的花香、果香和帶點辛辣味道，餘韻悠長。我很喜歡這 21 年威士忌的層次和乾果的香氣，餘韻的蜜餞甜香和橙花香氣久久不散。威士忌是否越陳年越好飲？我會說不同酒廠、不同年份，有不同的風味。一般而言，年份輕的威士忌可以喝它的活潑果香，年份久的威士忌就有更多的層次和悠長的香氣。節目曾有位嘉賓是陳德森導演，他是我姐姐的好朋友，很喜歡喝酒，紅酒或威士忌都喜歡。這牌子的威士忌在香港娛樂圈亦

陳德森導演亦是愛酒之人。

很流行，陳導演也覺得這支 21 年威士忌很「醇」，喜歡那份甜甜地的乾果餘韻。

◎品酒體驗◎

酒色呈琥珀色，帶優雅的乾果、橙花、甜香料、橡木及蜜糖等香氣，層次複雜，入口味道帶蜜糖、焦糖、乾杏脯、提子乾、可可豆、肉桂、橡木、香料及生薑等味道，餘韻悠長。

Bowmore Bicentenary

艾雷島（Islay）是位於蘇格蘭西岸的小島，部份酒廠有逾 200 年歷史。四面環海，全年被海風吹拂，以及使用當地風味特殊的泥煤作為煙燻原料，令 Islay 出產的威士忌，有着泥煤煙燻味、海鹽、海藻及碘酒等風味，又被形容為醫院味、正露丸味等，更被稱為「男人的浪漫」。我雖然不是男士，但亦很喜歡 Islay 那份醫院味。

我曾去 Islay 參觀威士忌酒廠，這個島雖小，但其威士忌的知名度十分大，共有九間威士忌酒廠。Bowmore 酒廠創立於 1779 年，是蘇格蘭最古老的威士忌酒廠之一。逾二百年歷史的威士忌陳酒倉庫，仍保留部分過百年歷史的器材，喜歡懷舊經典的朋友一定要去。酒廠堅持使用古法釀酒，以人工的方式攪動麥芽，再以當地泥煤燻乾麥芽，賦予威士忌獨特的香氣，屬少有仍堅持傳統人手釀酒的手工威士忌酒廠。為紀念酒廠成立 200 周年，此特別限量版於 1979 年入瓶，被眾多國際酒評人及資深威士忌飲家

威士忌及葡萄酒拍賣行亞洲部
主管 Daniel Lam 拿出珍藏於電
視節目中分享。

Bowmore 陳酒室。

評為酒廠最佳之作。由於買少見少，在拍賣場上亦不是常出現。我曾在
節目中請來著名威士忌及葡萄酒拍賣行亞洲部主管 Daniel Lam，這支罕
有威士忌是他的私人珍藏，市價約港幣 $60,000*。喜歡艾雷島威士忌的
我，當然對這罕有威士忌「心心眼」，舊酒真的要慢慢嘆！

◎品酒體驗◎

帶琥珀顏色，這瓶屬於舊酒的威士忌跟現在的新威士忌風味截然不同，
非常順滑易入喉，溫文爾雅。入口帶甜美乾果香，充滿乾果、乾杏脯、葡
萄乾、蜜糖、蜜餞、海鹽、橙花香、焦糖布甸及煙燻等味道，餘韻極悠長
而帶麥芽香氣。這麼舊的威士忌，我不會配食物，只會慢慢欣賞它。

＊資料來源：www.thewhiskyexchange.com

Glenmorangie Signet

Glenmorangie 威士忌酒廠。

Highland 是蘇格蘭地理上最大的威士忌酒區。出產的威士忌風格千變萬化，有乾果香氣較重的，亦有優雅輕巧的，甚至乎帶煙燻味的都有，各適其適。位於 Highland 酒區的 Glenmorangie，始於 1843 年，是蘇格蘭十大最暢銷威士忌品牌之一，以蘇格蘭最高的壺式蒸餾器釀造威士忌而馳名，獲獎無數，包括 International Whisky Competition 中獲 Whisky of the Year 2016。此款雖是無年份威士忌，但部份威士忌混合了 35 年以上的佳釀。講到 Glenmorangie，便會想起他們的 icon 長頸鹿，代表其蒸餾器的長壺頸。如果以無年份威士忌來說，這瓶會在

我的 checklist 之中。喜歡它的乾果、朱古力、橙花和甜香料等味道,十分迷人而具層次。

◎ 品酒體驗 ◎

酒色呈琥珀色,香氣撲鼻,帶可可豆、咖啡豆、烤烘、橡木、香料、乾果、蜜糖和焦糖等香氣,優雅而具層次,相當易入口,帶有朱古力、咖啡豆、黑胡椒、提子乾、海鹽、焦糖、烤果仁和甜香料等味道,餘韻悠長。

◈ 食物配搭 ◈

威士忌配紅肉如牛扒或其他濃味食物都很合適。但其實某些威士忌亦可配海鮮。我在節目中以中式焗蟹蓋配 The Glenlivet 21 年威士忌,帶出蟹肉更多鮮甜味,同時食物亦帶出更多乾果和甜香料的優雅。我平日會以 Islay 威士忌配生蠔,這是蘇格蘭的吃法。Glenmorangie Signet 配叉燒亦很夾,叉燒的油分會令威士忌更圓潤,而叉燒的蜜糖香,會提升威士忌的蜜糖及乾果香氣,互相輝映。

5.3　人氣熱話　日本威士忌

余市蒸餾所的蒸餾室。

香港人對日本威士忌情有獨鍾。以前跟家人去日本旅行，回港前在日本
機場，都會順手買瓶日本威士忌當作手信。那時買「響」或「山崎」威
士忌，有年份的，價錢不會超過一千元（除非年份很高）。現在已很難在
日本機場買到有年份的著名威士忌（如山崎、余市等），無年份的還可以
找到。

日本威士忌的釀造技術，是以蘇格蘭威士忌技術為基礎。日本威士忌之父竹鶴政孝於 1918 年到蘇格蘭留學，學習蒸餾威士忌的技術。回國後，於 1923 年協助三得利（Suntory）建立旗下第一間威士忌酒廠山崎蒸餾所。後來由於他希望堅持蘇格蘭風格的威士忌，與三得利的理念不合，於是離開三得利，於 1934 年到北海道重新建造了一所余市蒸餾所，貫徹他想做的蘇格蘭風格威士忌，並建立 NIKKA 品牌。

我曾到北海道余市蒸餾所參觀，了解日本威士忌的生產過程，並在竹鶴政孝的故居前打卡。最難忘是蒸餾所內的威士忌博物館，遊客可以在那裏付款品嘗「一酒難求」的特別版或舊年份威士忌。

余市威士忌博物館。

一酒難求的日本年份威士忌

日本威士忌為甚麼炒起？除了因為近年日本威士忌釀酒技術越來越出眾，深愛飲家歡迎外，還要多謝威士忌國際評論家 Jim Murray，他主理的威士忌天書 *Whisky Bible* 2015 年版，曾爆出驚人的賽果，當年冠軍由日本的威士忌奪得。這一款在 2013 年出產的日本山崎雪莉桶威士忌，被 Jim Murray 評為世界第一。自此之後，日本威士忌更加供不應求，一酒難求。

我也喜歡日本威士忌，但因為它太受追捧，價錢偏貴，例如山崎 18 年單一麥芽威士忌，現在一支售價約港幣 $12000*。日本威士忌有不同風格，但概括而言，酒體大致較為乾淨，果味較多，很多人會覺得甜美一點，比較適合東方人口味。以下分享三款我在節目介紹過的日本威士忌，包括一款山崎威士忌、一款白川威士忌及一款秩父威士忌，可以比較不同酒廠所帶來的不同風格。

參觀余市蒸餾所。

* 價錢參考自 dekanta.com

210

///// 精選推介 /////

山崎無年份威士忌 NAS

山崎蒸餾所。

1923 年，日本威士忌之父竹鶴政孝（Masataka Taketsuru）協助鳥井信治次郎（Shinjiro Torii）創立「山崎」（Yamazaki）蒸餾廠，亦是日本的第一所威士忌蒸餾所，位於大阪府三島郡島本町。山崎的一大特點是使用多種不同形狀的蒸餾器，此外還會使用包括水楢桶（Mizunara）在內的不同橡木桶，製作出更多風格的原酒，令不同年份的酒款都擁有鮮明的風格。後來二人意見分歧，一個想忠於蘇格蘭風味，另一個想帶出日本風味（比較多點果香和甜美風味），最後竹鶴政孝離開並自立門戶。我覺得要認識日本威士忌，山崎單一麥芽威士忌是必試的。雖是無年份威士忌，但亦可以從中感受到它的風格。

211

◎品酒體驗◎

以多種橡木桶包括日本水楢桶熟成及混釀，威士忌色澤帶淡琥珀色，甜美易入口，味道帶蜂蜜、甜香料、肉桂、生薑、拖肥、橡木、辛辣、香料、乾果、檀香、紅果和雲呢拿等，餘韻帶雲呢拿甜香。

◆食物配搭◆

我在節目中以四川辣子雞作配搭，它是川菜的招牌菜式之一，外脆內嫩，帶青花椒的麻香，與帶果甜的日本威士忌很配。麻辣味不會蓋過威士忌的味道，更能提升威士忌的香料、果香及薑味等。

白州無年份威士忌

白州蒸餾所。

白州蒸餾所位於山梨縣，被廣闊的森林包圍，有「森林蒸餾所」之稱。酒廠成立於 1973 年，屬三得利旗下。白州風格清新，屬清爽的單一麥芽威士忌，還有果香甜味、煙燻味，及帶森林的草本氣息。那煙燻風味是來自於以蘇格蘭泥煤乾燥的麥芽，使用來自南阿爾卑斯山日本名水百選的「尾白川」名水，並放置在位於森林中的儲藏庫等待熟成。風格簡單直接，如松林般清淡優雅。我覺得它淡淡的煙燻味加上草本香氣十分特別，跟山崎充滿乾果及雲呢拿香氣截然不同，又不像艾雷島般重口味。如果要試日本威士忌的不同風格，這款酒亦在我 checklist 之中。

◎品酒體驗◎

酒色呈深金黃色，入口帶蜜糖、梨子、檸檬皮等味道，煙燻味漸漸浮現，還森林的草本氣息，如松樹、青草及薄荷等味道。

◆食物配搭◆

威士忌並不一定要配紅肉。此白州威士忌本身優雅、甜美而帶草本氣息，配上頭抽炒珍菌能帶出珍菌的香氣，加上一點煙燻味道，為珍菌加上更多層次。

秩父金葉威士忌

秩父蒸餾所。

日本秩父蒸餾所是日本威士忌界的明星，亦是一個威士忌界的感人傳奇故事。秩父蒸餾所的創辦人是肥土伊知郎（Ichiro Akuto），他的祖父正是停產的羽生蒸餾所 Hanyu Distillery（1941~2000）創立人。肥土伊知郎不甘祖業消失，四出奔走，成功買回 400 桶羽生原酒威士忌，將部分原酒以「Ichiro's Malt」的品牌在市場出售。最為人熟悉的是「羽生伊知郎全副撲克牌全系列」54 支，於 2020 年在香港 Bonhams 拍賣會，以港幣接近 $1200 萬成交。

2008 年，伊知郎在埼玉縣秩父市，即當年羽生蒸餾所附近，興建一個超迷你的蒸餾所。2010 年起，生產以紅葉、金葉、綠葉等為名的 Ichiro's Malt 麥芽威士忌。這批酒中，加入了部份祖父留下的 400 桶酒的原液，讓三代人的心血融合為一。此威士忌不是 single malt，而是 blended malt，混調「爺孫」的新舊威士忌，並在日本水楢木桶中熟成，是酒友爭相想一親芳澤的清香型威士忌。

◎品酒體驗◎

酒色帶淺琥珀色，香氣優雅而帶烤烘、蜜糖、蘋果和香料等香氣，入口味道具層次，帶蜜糖、烤烘、香梨、微甜的青檸、檀木、辛辣、香料、薑、乾果香、麥芽及拖肥等，餘韻帶點甜味的微辛感。

◆食物配搭◆

威士忌跟牛肋骨向來是絕配。吃一口烤得濃郁香口的牛肋骨，油分提升了威士忌的果香、麥芽香和圓潤感，而威士忌亦為牛肋肉加上絲絲的酒香和檀木香，增加了牛肉的味道。

5.4 獨一無二 單桶威士忌

單桶威士忌的原酒來自單一酒廠的單一木桶。

香港威士忌市場越來越蓬勃，有些資深威士忌飲家或收藏家，除了收藏舊版（如 80 年代威士忌）或高年份（如 30 年威士忌）的原廠威士忌外，對特別版威士忌、獨立裝瓶威士忌（Independent Bottler）或單桶威士忌（Single Cask）亦有興趣。

單桶威士忌是指威士忌的原酒不只來自單一酒廠，更是來自單一木桶，不會混合其他酒桶的威士忌，通常會以原桶強度（Cask Strength）或較高酒精度裝瓶。每一個木桶出來的原酒都是獨一無二的，由於每個威士忌

木桶的容量有限，所以更加罕有。

高濃度酒精的魅力

有些朋友覺得單桶威士忌好「辣」，可能因為通常都是原桶強度或較高酒精度，例如是 50 至 60% 左右酒精度，比起平時一般單一麥芽威士忌酒精度約 40% 左右高很多。我習慣飲烈酒，接受到單桶威士忌的較高酒精度，但我每每會提醒大家，不要像平時 40% 左右酒精度的威士忌聞香般，用力去吸，因為酒精度高，你的鼻會被酒精刺激到「醒晒」！如果覺得酒精度太高，可以自行加水，同時可以讓威士忌釋放更多香氣。

由於香港市場對單桶威士忌的興趣越來越大，有些資深威士忌收藏家會包桶以分享特別的單桶威士忌，亦有酒廠特別推出香港限定版單桶威士忌，甚至有外國的獨立威士忌酒桶公司看準商機，來香港開分公司，賣原桶威士忌之餘，還有一條龍服務，幫客人儲存已訂購的酒桶，到客人認為時間合適時，才入瓶並送到香港。下文我會分享特別針對香港市場的三款威士忌，包括有獨立威士忌酒桶公司挑選在香港市場銷售的單桶的樣板，有香港人包桶並設計特別酒標的獨立酒瓶威士忌，以及原廠推出的香港版單桶威士忌。

///// 精選推介 /////

The Glenrothes Distillery
2008 Sherry Butt #6314

The Glenrothes 威士忌酒廠。

來自英國的原桶威士忌交易平台及庫存商 Cask Trade，看好亞太地區原桶威士忌買家的潛力，於香港開設辦公室，讓客人更輕易購入原桶威士忌，並提供售後服務，包括裝瓶、酒桶管理等。這單桶原桶威士忌來自 The Glenrothes 酒廠，1879 年成立，位於英國蘇格蘭 Speyside 中心地帶的小鎮 Rothes。酒廠是目前全球少數仍用自家水源和自設製桶

工廠來釀製威士忌的酒廠，出品風格鮮明，主要以雪莉桶釀製威士忌。

我身邊有不同朋友會購買單桶威士忌（包括我自己），有的是投資，有的是做生意，有的是當紀念（如仔女出世年份、自己出生年份、結婚年份等）。而我則是因為太喜歡威士忌，所以買了一個新桶作紀念，當它如自己的兒子，待它 18 歲才入瓶，作為一份特別的禮物，與親友分享。

在節目中，我曾經分享的是一瓶單桶威士忌的樣板，於 2008 年蒸餾，一直在雪莉桶中陳釀，桶號 6314，酒精度 60.1%，桶主可決定是否繼續陳釀。由於不是新入桶的原桶威士忌，酒廠名氣大，加上是受很多威士忌收藏家歡迎的雪莉桶，所以叫價約 $25 萬港元。

◎ 品酒體驗 ◎

酒色呈琥珀色，帶蜜糖、焦糖、提子乾、乾杏脯、海鹽、烤烘和橡木等香氣。入口香醇，不覺得有 60.1% 酒精般強烈，帶有蜜糖、蜜餞、橙花、乾果、柑橘、香料、海鹽、烤烘、生薑和胡椒等味道，餘韻能感受到朱古力味和少許海鹽味，餘韻悠長。

▨ 單桶威士忌飲法 ▨

單桶威士忌可「淨飲」，亦可像首席威士忌調酒師（Malt Master）般，調配適合自己口味的威士忌酒精度及味道，如加入幾滴水，能打開更多威士忌的香氣和風味的同時，亦減低其酒精度。注意高礦物質或偏酸或偏鹹的水也會對威士忌味道造成變化，建議用蒸餾水，或者用來自同一酒區水源的水。

Femme Fatale Audacious Protégé

香港酒商與本地多媒體創作人林祥焜聯乘，推出限量單桶威士忌。

這是單桶獨立裝瓶威士忌，以穿越時空的未來女性為酒標，由香港本地品牌與本地多媒體創作人林祥焜聯乘，合作推出的限量單桶威士忌，以「Femme Fatale」為主題，糅合香港本土文化，設計出 4 位不同時代和風格的香港女性，來演繹 4 款威士忌。我在節目中試了其中一款 Femme Fatale Audacious Protégé。此酒酒廠位於蘇格蘭 Islay，十分知名。此款單桶威士忌於 2013 年蒸餾，在西班牙 Pedro Ximénez（PX）雪莉桶陳釀 7 年，2021 年入瓶，限量 120 枝，酒精度 53.8%。我也很喜歡單桶威士忌，因為那原汁原味的單桶體驗很獨特。平時喝單一麥芽威士忌是感受酒廠想給你的風格和味道，但單桶就原汁原味，個性鮮明，十分有趣。

◎ 品酒體驗 ◎

酒色呈琥珀色，帶 Islay 獨有的泥煤味香氣，煙燻味濃郁，另外帶海鹽、蜜餞、焦糖、橡木、乾果及橙花等香氣。入口不像 53.8% 酒精度般強烈，帶煙燻味及像海帶般的鹹香之餘，還有提子乾、橙花、乾果、橡木、烤烘和生薑等味道，餘韻悠長，泥煤味在口中歷久不散。

Highland Park 13 Year Old Hong Kong Edition 5

Highland Park 威士忌酒廠。

Highland Park 酒廠位於蘇格蘭最北的 Orkney 島，始創於 1798 年，堅持以傳統人手翻麥技術，嚴選當地帶石南花香氣的泥煤去烘乾大麥，令威士忌帶獨特風味。此原廠單桶威士忌乃香港限量版，2007 年蒸餾，在初填歐洲橡木雪莉桶（First Fill European Oak Sherry Hogshead）陳釀 13 年，2021 年入瓶，桶號 4835，限量 318 枝，酒精度 64.8%，沒有額外添加水，原汁原味地在低溫環境下熟成，帶出單桶的獨特風味。

Highland Park 不是第一次推出香港限量版單桶威士忌，Edition 5 即是第 5 個限量版單桶，可想而知香港有很多威士忌迷對單桶感興趣。我覺得原廠單桶威士忌比獨立裝瓶廠的單桶威士忌再原汁原味一點，因為由蒸餾至陳釀都在同一酒廠，而且由該酒廠的 Master Distiller 去挑選哪一桶作為單桶威士忌，更能代表該廠的單桶風味。我喝過不同原廠的單桶威士忌，這是我 checklist 入面會推介比朋友試的單桶，因為它吸收了很濃郁的雪莉桶味道，顏色像普洱般深色，十分特別。

陳年單桶威士忌。

◎品酒體驗◎

酒色呈深琥珀色，散發著濃郁的可可味外，還帶蜜餞、蜜糖、焦糖、橙花、烤烘和炭燒等香氣。入口不像 64.8% 酒精度般強烈，味道複雜，有焦糖、蜜餞、烤烘、炭燒、橡木、乾果、橙花、提子乾、生薑和黑胡椒等味道，餘韻非常悠長，帶可可豆和黑茶味道。

◆食物配搭◆

單桶威士忌普遍酒精度高，配重油分的食物會比較好。我在節目中以 Femme Fatale Audacious Protégé 威士忌配炸蟹餅，帶海鹽香氣的泥煤威士忌能誘發更多蟹肉的鮮甜味，而炸蟹餅亦令威士忌中的泥煤餘韻更加悠長。另外我亦以 Highland Park 13 Year Old Hong Kong Edition 5 威士忌配上法式香脆牛肉三文治，酒香提升了牛肉三文治的濃郁味道，而牛肉肉汁亦令威士忌中的乾果和乾香草味更加爆發，牛肉的油脂使威士忌變得更香醇順滑。

酒勻世界今晚 Chill

第六章

烈酒及
其他酒類

6.1 變化多端 氈酒

本地氈酒蒸餾所無名氏的蒸餾室。

我和很多女性朋友一樣都是 Gin 粉，喜歡它變化多端的香氣，尤其是現在很火的手工氈酒（Craft Gin），更是百花齊放。每個國家或城市，也有它的本土色彩，連香港也有自己的本土氈酒！

我是何時開始喜歡氈酒的？又要謝謝爸爸的自小培訓！哈哈！我家有一個酒吧連著酒櫃，酒櫃上放滿林林總總的酒，有威士忌、干邑、氈酒、葡萄酒等。爸爸有時會在家調 Gin & Tonic，我當然是座上客，一試便愛

上，那杜松子、檸檬、柑橘等香氣仍記憶猶新。人生第一杯氈酒是來自英國的 Gordon's London Dry Gin。記得有一次請同學回家玩，我亦學著調 Gin & Tonic 給大家喝，可能太易入口，最後竟整支喝光。當時超市已關門，不可能買回一支新的氈酒，結果「膽粗粗」將水倒進入去「扮酒」，當甚麼事也沒發生，最後成功瞞天過海，第二天買回一支替換，爸爸媽媽一點懷疑也沒有。我現在仍會喝 Gordon's London Dry Gin 加 Tonic Water（湯力水），是我的美好童年回憶。

London Dry Gin 不是來自倫敦

很多人以為氈酒源自英國，只是因為英國人很喜歡喝氈酒，亦有很多氈酒品牌，再加上常常看見酒標上寫著 London Dry Gin。但其實 London Dry Gin 並不是指這氈酒來自倫敦，這是其中一種類別的氈酒，代表杜

氈酒常用做雞尾酒的基酒。

在家中也能自己用氈酒做杯雞尾酒。

松子及柑橘味道比較突出的類型。另外還有其他種類，例如 Old Tom Gin、Navy Strength、Sloe Gin 及 Plymouth Gin 等。氈酒（台灣稱為琴酒）其實源自荷蘭，是烈酒的一種，它會加入杜松子為主要材料，再添加其他草本植物混合材料，帶出多重草本香氣。

氈酒常常被用作雞尾酒的基酒，最為人熟悉的有 Gin & Tonic。至於 Craft Gin（手工氈酒）屬精品製作。Craft Gin 產量少，會因應不同城市的地道色彩而加入本土元素。

本地氈酒蒸餾所無名氏創辦人
Nick（右）和 Jeremy（左）。

我在節目介紹過不同地方的氈酒，包括亞洲、澳洲、日本、香港及蘇格蘭等，其中一集邀請了我的好朋友、本地氈酒廠「無名氏」兩位主理人做嘉賓，分享他們如何一步一步夢想成真，開設自己的蒸餾廠，出產本地氈酒，十分勵志。接下來的精選推介，其中一支就是「無名氏」出品的手工氈酒，還有一款蘇格蘭手工氈酒及一款日本手工氈酒，可以比較不同國家或城市色彩所帶來的不同風格。

///// 精選推介 /////

Hendrick's Gin

Hendrick's Gin 來自蘇格蘭的 William Grant & Sons 烈酒集團。集團旗下有多款烈酒，以蘇格蘭威士忌最出名，如 Glenfiddich 及 The Balvenie 等。蘇格蘭除了威士忌外，氈酒亦十分熱門，單是蘇格蘭已經有約 200 個氈酒品牌。Hendrick's Gin 屬精品氈酒，自 1999 年生產至今，小批量生產，獲獎無數。Hendrick's Gin 調和自兩款不同蒸餾器生產的原酒，混合 11 款草本植物材料，再加入特色的荷蘭小黃瓜和保加利亞玫瑰花瓣等，共 13 種獨特的原料。我很喜歡這手工氈酒的玫瑰和青瓜香氣，優雅而清爽，喝多也不覺膩。

◎品酒體驗◎

入口順滑，帶青瓜及淡淡玫瑰香氣，還有柑橘、杜松子、草本植物及香料等味道，花香十足，口感細緻，十分清新。我在節目中分享了自家調配的 Gin & Tonic。首先是選湯力水，湯力水和氈酒一樣講究，款式五花八門，我選了 Indian Tonic Water 去調配，比一般湯力水甜度低一點及帶點清新柑橘香，更能突出氈酒的玫瑰及青瓜香氣。另外加入新鮮羅勒及青瓜片，放大氈酒原有的青瓜及草本植物香氣，十分清新。

自家調配 Gin & Tonic

▶ 加入冰及 Indian Tonic Water，以新鮮羅勒及青瓜片作點綴

▶ 比例是 50ml 氈酒、100ml 湯力水及冰

Hendrick's Gin 酒廠。

京都蒸餾所

Ki No Tea Kyoto Dry Gin

手工氈酒在世界各地百花齊放,包括日本,由精品手工氈酒至大蒸餾廠氈酒都有。既然大家對日本威士忌這麼著迷,不難想像對日本氈酒也同樣熱愛。我也很喜歡日本氈酒,家裏一定有一支「看門口」。日本氈酒做得很細緻,或有日本柚子的清香,或有日本山椒的辛香,或有綠茶的優雅,充滿地道色彩。我第一次喝的日本手工氈酒是 Ki No Bi,來自日本首家手工氈酒蒸餾廠「京都蒸餾所」,成立於 2014 年,帶優雅的日本柚子香、米香及綠茶香,充滿柔柔的日本風情。我在節目分享的是酒廠旗下另一系列 Ki No Tea,特色是突顯綠茶的香氣,以日本米為基酒的原材料,分別以 6 個不同味道系列分開蒸餾,然後再混合在一起,調配出不同口味。此氈酒亦是少量生產,當中以宇治綠茶為主打原料,故此酒帶有優雅的綠茶香,十分特別,亦是我會拿來「看門口」的氈酒之一。

◎**品酒體驗**◎

此特別版氈酒以綠茶為主角,清幽的綠茶香氣撲鼻而來。入口順滑,除了濃郁悠長的綠茶味,還有白朱古力、杜松子、生薑、柚子、白花、柑橘和檸檬皮等味道,白朱古力的圓潤感突出,層次複雜,餘韻帶優雅的綠茶甘香。我喜歡把它放在冰格內雪凍,然後倒出來「淨飲」,亦可以加冰。如果喜歡加湯力水,可選擇青瓜味湯力水,令此氈酒中的綠茶清香更突出,再加青瓜片作點綴,令綠茶香及青瓜的清新互相輝映。

自家調配 Gin & Tonic

▶ 加入冰及 Cucumber Tonic Water,以青瓜片作點綴
▶ 比例是 50ml 氈酒、100ml 湯力水及冰

❖ ❖ ❖ ❖ ❖

無名氏 N.I.P. Rare Dry Gin

支持本土!很開心香港也有自己的氈酒!本土氈酒的發展是這幾年才開始的,主要有三個本地手工氈酒品牌,包括無名氏(香港製造)、Two Moons(香港製造)及白蘭樹下(香港品牌,荷蘭製造)。我在節目中邀請N.I.P.「無名氏」氈酒的創辦人兼我好朋友Nick 和 Jeremy 做嘉賓,分享他們的創業故事。他們沒有釀酒或做酒行的背景(所以叫「無名氏」),只是出於很喜歡喝氈酒,便決

Nick 即席炮製雞尾酒。

無名氏氈酒所用的部分草本植物材料。

定一起做百分百「香港製造」的手工氈酒。過程充滿挑戰,包括物色廠址、訂蒸餾器、跟政府部門溝通等,花了差不多一年半時間才拿到牌照。這手工氈酒廠始於 2019 年,出產的手工氈酒每批次只有約數百枝。此款 Rare Dry Gin 是酒廠的招牌產品,除杜松子外,還加入龍井茶、壽眉茶、陳皮及桂花等 21 款天然草本原料,充滿香港口味。我喜歡無名氏的圓潤豐厚酒體,帶龍井茶香和桂花香,同時多了份人情味,支持香港精神。

◎品酒體驗◎

此酒帶多種乾香料的香氣,入口帶有桂花香氣,還有杜松子、龍井茶葉、壽眉茶葉、柑橘、檸檬皮、陳皮、洋梨、當歸和乾香料等味道,頗圓潤而餘韻帶甘,帶根部植物風味,本港特色的草本原料增添了氈酒的層次

感。以下介紹一款由無名氏設計的雞尾酒，入口充滿清新果香，帶檸檬、百花蜜、生薑、杜松子和茶香等味道，清爽醒胃。

自家調配薑檸蜜雞尾酒（Ginger Lemon Honey）

▶ 加入 30 毫升氈酒、15 毫升新鮮薑汁及 15 毫升新鮮檸檬汁，以搖酒杯搖勻。

▶ 杯中加入冰塊，把搖勻的酒以隔濾網過濾，並倒入杯中。

▶ 用本地蜂蜜酒加滿杯，以檸檬片作點綴。

◈ 食物配搭 ◈

其實 Gin & Tonic 或氈酒雞尾酒很容易配搭食物，多款餐前小吃或炸物均很合適。我在節目中曾配搭鎮江餚肉、韓式炸雞等食物，其實配壽司也可，因為雞尾酒的清爽果香很「百搭」。如果是帶綠茶香氣的氈酒雞尾酒，可配搭紅豆糕或日式芝士蛋糕。

6.2 陳年的加持 冧酒

陳年 Rum 酒獲收藏家青睞。

提起 Rum（冧酒，又稱蘭姆酒），令我即時聯想到加勒比海的陽光與海灘，還有非常清新的雞尾酒 Piña Colada 及 Mojito。我第一次接觸 Rum 酒，是在澳門的泳池酒吧，一邊飲 Piña Colada 雞尾酒，一邊暢泳、曬太陽。呷一口凍冰冰和充滿冧酒及椰子香氣的雞尾酒，十分爽快，也是泳池酒吧的熱門雞尾酒。後來有一次到加勒比海旅遊，跟團出海浮潛，上船後的 welcome drink，就是 Mojito 或 Piña Colada 雞尾酒。他們把雞尾酒當汽水，可無限添飲。那一杯在加勒比海陽光下喝的 Mojito 尤其清新，冧酒、青檸與薄荷，加上水天一色的美景，印象難忘。記得我曾問船員，是否每天也喝 Rum 酒？他們說當然是，這是他們的習慣。

Rum 酒原材料是甘蔗糖渣。
圖為 Appleton Estate 的蔗田。

陳年冧酒獲追捧

近年多了 Aged Rum 的追捧者，歸功於烈酒界的 premiumisation（優質化）趨勢。除了陳年威士忌受追捧外，很多資深飲家和收藏家亦開始收藏各類陳年烈酒，包括陳年 Rum 酒、陳年 Tequila 酒等。另外，有些喜歡吃雪茄的朋友，也很愛陳年 Rum 酒，覺得它帶甜而具層次的餘韻跟雪茄很夾。我在不同的場合，如朋友聚會或酒商邀請會中，喝過不同牌子、年期的陳年 Rum 酒，相當具層次，難怪成為烈酒界藏家新寵。

Rum 酒發源於加勒比海，原材料是「糖蜜」（Molasses），是甘蔗提煉成蔗糖後剩餘的糖渣。將糖蜜加水及酵母，再進行發酵和蒸餾，最後以不同的陳釀方式分類，例如 White Rum、Dark Rum、Gold Rum、Spice Rum 等。而近年流行的 Aged Rum 是指蒸餾出來的新酒，會放進橡木桶陳放 3 年以上（沒有法定規例），而調配雞尾酒一般會用最普通的 White Rum。由於 Aged Rum 越來越多人談論，以下分享三款我在節目介紹過的 Aged Rum，分別來自 Barbados、Jamaica 和 Panamas，可喝到不同加勒比海國家所帶來的風格。

///// 精選推介 /////

Mount Gay X.O. Rum

此酒廠成立於 1703 年，位於 Barbados（巴巴多斯，加勒比海島國），是最古老而仍然生產冧酒至今的酒廠之一。這款冧酒選取了 5 至 17 年的冧酒混合而成，並陳釀於 3 款不同的酒桶，包括美國威士忌桶、波本桶及干邑桶，為冧酒帶來更多複雜度。此酒獲得著名烈酒網站 The Whisky Exchange 頒發 Rum of the Year 2021。如果要試 Aged Rum，我會推介先試這支。其歷史悠久且獲獎無數，證明品質優越有保證，感受一下這 Aged Rum 經過三款不同木桶混釀所帶來的風味。

Mount Gay 的首位女調酒大師。

◎ 品酒體驗 ◎

酒呈琥珀色，香氣撲鼻，適合「淨飲」，亦可調配雞尾酒，圓潤而複雜，帶蜜糖、焦糖、咖啡、胡椒、薑、焗無花果、乾果、焗蘋果、香料與橡木等味道，十分有層次，餘韻悠長帶甘甜。

Appleton Estate 酒廠。

Appleton Estate 12 Year Old Rare Blend

加勒比海除了 Barbados，Jamaica（牙買加）亦是另一以冧酒聞名的國
家。不同酒廠的釀酒技術當然會令 Rum 酒的風格不一樣，但概括而言，
Barbados 的 Rum 酒帶多一點焦糖、香料等味道，而 Jamaica
的 Rum 酒味道一般會多一點乾果香。Appleton Estate 始於
1749 年，坐落於 Jamaica 中心的 Nassau Valley 地區。他
們會選用該區指定的蔗田及天然泉水，是少數會講求
terroir（風土）的 Rum 酒廠。此酒廠是牙買加最出名及
最具歷史的高級 Rum 酒廠之一。此 12 年 Rum 酒陳放於
美國橡木桶最少 12 年或以上，亦是在我 checklist 內會
推介的作品之一。

◎品酒體驗◎

帶淺琥珀色，散發著標誌性的糖漬橘皮香味，生薑與香料的芳香混和交
集，並帶有雲呢拿、牛奶拖肥糖、咖啡、聖誕蛋糕、杏仁和烤橡木等味
道，餘韻適中而帶乾果香。

Rum Nation Panama 25 Year Old

品牌成立於 1999 年，創辦人本身是蘇格蘭威士忌獨立裝瓶廠廠商，後來於加勒比海一帶物色冧酒蒸餾廠，購買特別的陳年冧酒原桶，然後在酒窖大師認為合適的時候入瓶，推出少批量 Aged Rum。此源自 Panama 的限量 Rum 酒曾陳釀於美國橡木桶達 25 年以上，層次複雜，餘韻極悠長。我在節目中選了這款 Rum 酒，是想分享一些新冒起的 Rum 酒品牌。這品牌很特別，好像獨立裝瓶廠出的威士忌般，主要是揀選特別的 Rum 酒桶，帶給 Rum 酒愛好者多些不同的風味。這 25 年的 Rum 酒相當罕有，值得一試。

◎ 品酒體驗 ◎

這款 Rum 酒帶深琥珀色，圓潤而極具層次，帶橡木酒桶和乾果的香氣之餘，味道帶有豐富乾果香、甘蔗、紅棗、蜜糖、橡木、朱古力、雲呢拿及拖肥等，餘韻帶草本植物和黑茶香氣，十分悠長。

◆ 食物配搭 ◆

Aged Rum 酒味濃而帶甜，配牛扒或芝士都很夾，帶出更多乾果及焦糖的香氣。我在節目中配了海鹽焦糖朱古力，帶出更多 Rum 酒的香料、烤烘及海鹽焦糖味道，令餘韻的黑茶香氣更盛放。

6.3 精品化 陳年龍舌蘭酒

Tequila shot 的傳統飲法：先放一點鹽在口中，喝一口酒，然後咬一下青檸片。
但 Aged Tequila 則可「淨飲」去欣賞。

Tequila（龍舌蘭酒）令你聯想起甚麼呢？我會想起 Tequila Pop，很好玩的雞尾酒！我曾在節目中跟主持和嘉賓一起玩過，這也是我讀書時，常常和朋友一起玩的遊戲。Tequila Pop 的調法很簡單，只需要一個 rock 杯及一個比杯口更大的杯墊，先倒入 Tequila 再倒雪碧汽水（份量為一比一），Tequila 用最普通的入門版便可以。準備好了，就用杯墊蓋著杯面，連杯一起用力拍向枱面，杯內會「Pop」一聲充滿泡沫，然後用最快的速度把它喝掉，這就是 Tequila Pop。

Tequila 產自墨西哥，以當地特有的植物藍龍舌蘭草（blue agave） 作為原材料。一般藍龍舌蘭草要種植 6-12 年才成熟，酒廠會選用藍龍舌蘭草的心（Piña），經發酵後再蒸餾兩次，成為蒸餾酒。

喜歡陳年威士忌的朋友，通常也會喜歡嘗試其他陳年烈酒，令 Aged Tequila 重新再流行，再加上烈酒界的優質化趨勢，愈來愈多酒廠釀造陳年 Tequila，百花齊放。還有國際著名男演員 George Clooney 的加持，他與幾位好友於 2013 年成立 Tequila 品

荷里活明星 George Clooney（左）熱愛
Tequila，更創辦了 Casamigos 酒莊。

牌 Casamigos，2017 年被著名烈酒酒商 Diageo 收購，這品牌的 Tequila 在國際市場上非常受歡迎。由於 Aged Tequila 是近年的熱話，以下分享三款陳年 Tequila 酒，包括一款明星 Reposado 及我在節目中介紹過的一款 Añejo 及一款 Extra Añejo，可以試到不同陳釀時間所帶來的不同風格。

Tequila 主要級別

Tequila 按陳釀時間大致分為以下類別，包括 Blanco/Silver（未陳釀或陳釀不超過一個月的入門版）、Joven（陳釀數星期或以未陳釀與陳釀龍舌蘭酒混合而成）、Reposado（陳釀於木桶兩個月至一年）、Añejo（陳釀在木桶超過一年以上）及 Extra Añejo （陳釀在木桶超過 3 年以上）。

///// 精選推介 /////

Casamigos Reposado Tequila

明星效應很重要，所以 Casamigos Tequila 的成功，其創辦人著名男演員
George Clooney 的魅力功不可沒。品牌於 2013 年誕生，在 2017 年被著
名烈酒酒商 Diageo 看中及收購，現在 George Clooney 仍然是品牌代言人
及股東之一，但已經沒有參與生產及管理。酒廠位於墨西哥
的 Oaxaca，只釀造小批產量（small batch）的頂級 Tequila。
此酒為 Reposado 級別，選用 100% Jalisco 產區的藍色龍舌蘭
草釀製，在美國橡木桶中陳釀 7 個月，酒精度 40%。「淨
飲」以外，亦建議加冰飲用。我推介這 Tequila，因為它實
在太出名，屬於不可不試的 Tequila 酒。水準高，獲獎無
數，再加上 George Clooney 加持，買一支跟朋友分享實在
很有話題，還可以拿著酒來打卡呢！

◎ 品酒體驗 ◎

酒色呈淡金黃色，帶烤龍舌蘭草、香料、烤烘、雲呢拿、熱帶水果、焦糖
和草本植物等香氣。入口能感受到烤龍舌蘭草味道之餘，還帶有礦物、
柑橘、檸檬皮、烤菠蘿、香料、煙燻橡木、雲呢拿、生薑和胡椒等味道，
餘韻適中而帶龍舌蘭的甘甜。加冰飲用，可降低其酒精度，亦能誘發更
多酒內的香料和草本植物香氣。

Don Julio Añejo Tequila

酒廠始於 1942 年，成立時創辦人 Don Julio 只有 17 歲。他畢生致力生產高級龍舌蘭酒，在墨西哥德高望重，被視為「龍舌蘭酒達人」，率先推出高級 Tequila 品牌，是最出名的十大 Tequila 酒品牌之一。酒廠位於墨西哥的 Jalisco，處身海拔 6500 呎的高地，這裏最適合種植優質藍龍舌蘭草。此酒屬 Añejo 級別，選用產自 Jalisco 高地種植的藍色龍舌蘭草釀製，在美國橡木桶陳釀 18 個月才入瓶出廠。酒精度 40%，味道複雜而具層次，建議「淨飲」，是欣賞 Aged Tequila 的 check list 之一。

◎ 品酒體驗 ◎

酒色呈淡金黃色，香氣具層次，柑橘及香料味較重，還帶草本植物、烤烘、烤龍舌蘭草、橡木、雲呢拿和蜜糖等香氣。入口充滿果香，帶有西柚皮、檸檬皮、柑橘、雲呢拿、烤龍舌蘭草、焦糖、蜜糖和烤堅果等味道，圓潤細緻，餘韻悠長。

Don Julio 的藍龍舌蘭草心。

Avion Reserva 44 Extra Añejo Tequila

品牌源自美國，始於 2009 年，曾在著名 HBO 美劇 *Entourage* 中出現，之後再於電影版 *Entourage* 再度出場，風頭一時無兩。2014 年，品牌被國際著名烈酒酒商 Pernod Ricard 看中，並入股成為大股東，幾年後更全面收購該品牌。此頂級系列 Extra Añejo Reserva 獲獎無數，包括於 The Spirits Business 國際烈酒比賽中，獲 The Tequila & Mezcal Masters - Master 名銜。Extra Añejo 級別，是 Tequila 中的最高級別。選用產自 Jalisco 高地種植的優質藍色龍舌蘭草釀製，在美國橡木桶陳釀最少 36 個月以上。酒精度 40%，味道獨特而極具層次，建議「淨飲」。Extra Añejo Tequila 大都陳釀於美國波本橡木桶中 3 年以上，我覺得有點威士忌的影子。這枝陳年 Tequila 層次複雜，喝過之後很難會不愛上它。誠意推介，是我很喜歡的 Aged Tequila 之一。

◎ 品酒體驗 ◎

酒色呈琥珀色，香氣四溢，帶烤龍舌蘭草、蜜糖、香料、焦糖及海鹽等香氣。層次複雜，完全感受到陳釀的風情，帶有海鹽、焦糖、雲呢拿、烤龍舌蘭草、柑橘、檸檬皮和西柚皮等味道外，還散發點點果仁及乾香料，越飲越甜美，餘韻極悠長。

◆ 食物配搭 ◆

Aged Tequila味道具層次而帶甘甜，配搭鹹甜美食皆可。我在節目中選了墨西哥美食，包括以Don Julio Añejo配烤雞肉墨西哥薄餅，雞肉、芝士和薄餅的油分為龍舌蘭酒帶來更多圓潤感，同時亦減低了酒的辛辣。
另外以Avion Reserva 44 Extra Añejo配西班牙油炸鬼，食物的甜味和甜香料味誘發了酒內的香料香氣，令龍舌蘭酒變得更加甜美。

Tequila原材料藍龍舌蘭草。此圖為Avion藍龍舌蘭草田。

245

6.4　古老而不老土　干邑

Camus 干邑酒莊的葡萄園。

干邑是我童年回憶的一部分。小時候，爸爸常常和長輩喝 X.O.，家庭聚
會一定見到它，尤其過年過節。爸爸訓練我們幾姊妹喝干邑，先是倒幾
滴於汽水中，後來是一杯干邑伴一杯雪碧汽水在旁，微微喝一口干邑，再
喝一口雪碧，用汽水沖淡干邑的辛辣，但干邑的酒香餘韻仍在口中，年紀
輕輕的我已覺得很香很好喝。慢慢地，喝汽水的比例由多變少，最後變
為「淨飲」干邑，我覺得爸爸的策略很聰明也很成功。後來成為酒評人，
有機會試到不同類型的干邑，例如 X.O.、X.X.O.、單一葡萄田陳年干邑
等，對干邑有了更深入認識。

干邑（Cognac）只來自干邑？只有在法國干邑區，以法定六大產區的葡萄酒蒸餾及陳釀的酒，而且必須用銅製蒸餾器雙重蒸餾，以及在法國橡木桶內陳年至少兩年，才可以叫做干邑。

第一次去干邑區，以為要先租車才能去參觀干邑莊，但原來干邑區並不大，世界知名的主要干邑酒莊，由市中心步行 15-20 分鐘就到。我對這區最深的印象是「時間停留」，因為很多建築物都有最少 200 歲歷史。如果你有興趣來這裡旅遊，由巴黎搭火車至 Angoulême，之後可再叫車或揸車至干邑區。以下分享三款我在節目不同集數中介紹過的干邑，包括一款 V.S.O.P.、一款 X.O. 及一款芳香 X.X.O. 干邑，可以試不同莊園和不同級別所帶來的不同風格。

干邑主要級別

干邑是以陳釀於不同木桶及年份的「生命之水」（eaux-de-vie）調配而成，一般分為 V.S.、V.S.O.P.、X.O. 及 X.X.O. 級別：

V.S. (Very Special)	至少陳年 2 年或以上
V.S.O.P. (Very Superior Old Pale)	至少陳年 4 年或以上
X.O. (Extra Old)	至少陳年 10 年或以上
X.X.O. (Extra Extra Old)	至少陳年 14 年或以上

///// 精選推介 /////

Hennessy V.S.O.P.

Hennessy（軒尼詩）是香港人從小就認識的品牌，飲宴、家中酒櫃總會看到它。這干邑酒莊已逾二百多年歷史，始於 1765 年，是最古老及最大的干邑酒莊之一。此干邑屬於 V.S.O.P. 級別，而第一枝 V.S.O.P. 的誕生就是在軒尼詩。詹姆士·軒尼詩（James Hennessy）於 1817 年為英國王儲喬治四世特別調製了一款匠心獨運的佳釀，

作者曾獲邀於軒尼詩家族大宅內午餐。

軒尼詩干邑酒莊藏有 1815 年的干邑。

就是 V.S.O.P.（Very Superior Old Pale）。此 V.S.O.P. 干邑選擇逾 60 款不同年份（最高達 15 年）的「生命之水」干邑混釀而成。雖是歷史悠久的干邑酒莊，但軒尼詩亦不斷創新，不時跟不同的合作單位推出限量版干邑，例如軒尼詩 V.S.O.P. × NBA 限量版、軒尼詩 X.O. × KIM JONES（著名時裝設計師）等。這種聯乘企劃相當時尚有型，代表一種生活態度，打破很多人認為干邑很老土的想法。長輩跟我分享，以前生活沒有那麼富裕，飲宴時拿一支 V.S.O.P. 出場是「好威」的事，X.O. 是過年、結婚等真的很重要日子才拿出來鎮場。現在時代不同了，我喝 V.S.O.P. 通常會加冰，又或者用作調配雞尾酒來輕鬆飲。

我曾獲邀去軒尼詩干邑莊園參觀，最難忘是在這個古老的莊園參加了一個 VR 體驗，了解干邑的釀造過程以及運輸歷史，好潮！另一難忘的是在陳酒室看見還有 1815 年的「生命之水」存放在此，覺得非常震撼！

◎ 品酒體驗 ◎

酒色帶琥珀色，香氣四溢，帶有乾杏脯、蘋果、蜂蜜、焦糖、提子乾等香氣。建議加冰享用，入口帶香料、生薑、橡木、香草、柑橘、乾果、乾杏脯、果仁及烤烘等味道。

Camus X.O. Cognac（Intensely Aromatic）

Camus 干邑酒莊風景優美。

Camus（香港人稱為「金花」）干邑酒莊亦是歷史悠久的干邑酒莊，於 1863 年成立，至今傳承至第五代，是碩果僅存仍然由家族經營的國際級干邑酒莊之一，亦曾多次被評選為全球最佳干邑生產商。此酒屬於 X.O.（Extra Old）級別，法定需要最少陳年 10 年或以上，但這支干邑陳年時間當然不止於此。此系列為了突出更濃郁的 X.O. 香氣，選取最芳香的酒液，然後放入木桶陳年 10 年以上，令香氣更昇華。我對「金花」X.O. 有情意結，因為這是我爸爸至愛的 X.O. 之一，可說是從小喝到大，它的花香及果香出眾，是爸爸及長輩口中認為「好醇」的味道，在此與你分享。

◎品酒體驗◎

此酒帶琥珀顏色，充滿花香及果香，帶有蜜餞、蜂蜜、糖漬橙皮、橙花、肉桂及白花等香氣，入口帶蜜餞、百花蜜、拖肥、乾杏脯、提子乾、核桃、烤烘、香料及雲呢拿等味道，果香甜美，餘韻悠長。

Camus 的干邑酒窖。

Martell Chanteloup X.X.O.

在 Martell 干邑酒莊內與馬爹利大使試干邑。

Martell（馬爹利）是國際最著名及最大干邑酒莊之一，始於 1715 年，歷史悠久，亦是最古老的干邑莊園之一。此 X.X.O.（Extra Extra Old）比 X.O. 更高級別，陳年最少 14 年或以上。這級別於 2018 年才正式確立。這款干邑使用 450 種來自四大優質干邑區的古老生命之水調製而成，相當珍貴。馬爹利亦是我爸爸喜愛的干邑之一，除馬爹利 X.O. 外，我們亦非常喜歡藍帶馬爹利（Cordon Bleu）。X.X.O.，更上一層樓，值得一試。我曾在馬

爹利干邑莊園的試酒室試喝三款佳釀，包括藍帶馬爹利、X.O. 及 X.X.O. 干邑，並參加了 e-scooter 遊葡萄園體驗，了解干邑葡萄園的種植及生長，誰說參觀酒莊只是喝酒？也可以很好玩。

騎 e-scooter 遊馬爹利葡萄園。

◎ 品酒體驗 ◎

顏色帶深琥珀色，香氣四溢，優雅而具層次，充滿乾果、蜜餞、香料及橙花香氣，味道帶杏桃、水蜜桃、蜜糖、提子乾、無花果、杏仁、香料和合桃等味道，餘韻極悠長。

◆ 食物配搭 ◆

干邑香氣四溢而具層次，配搭多款濃味食物都很合適。用軒尼詩 V.S.O.P. 干邑配燒乳鴿，喝一口干邑，吃一口乳鴿，干邑可提升乳鴿的肉香，令肉味更濃郁，同時乳鴿亦帶出更多干邑的乾果、柑橘及香料等香氣，互相輝影。金花 X.O. 可以配搭叉燒，叉燒帶有油分及烤烘蜜糖香，先吃叉燒，再喝一口 X.O.，叉燒油香帶出更多 X.O. 的層次，散發更多香料及橡木香氣，再吃一口叉燒，餘韻更悠長，帶出更多蜜餞及蜜糖香。而馬爹利 X.X.O. 配上法國海鹽黑朱古力，帶出更多干邑的層次，有更多礦物、拖肥、雲呢拿、橡木、香料、蜜糖、乾果香等味道，餘韻悠長。

特別鳴謝

捷成酒業 Jebsen Wines & Spirits
https://www.jebsenwinesandspirits.com/

公啟行有限公司（LUCARIS）
www.kkh.biz

Penfolds
www.penfolds.com

Pernod Ricard Hong Kong & Macau
www.pernod-ricard.com

GOURMET 06

酒勾世界今晚Chill

作者	黃詩詩
內容總監	曾玉英
責任編輯	黃菲菲
編輯助理	邱廸生
書籍設計	Paul Ng
相片提供	黃詩詩、Getty Images

出版	天窗出版社有限公司 Enrich Publishing Ltd.
發行	天窗出版社有限公司 Enrich Publishing Ltd.
	九龍觀塘鴻圖道78號17樓A室
電話	(852) 2793 5678
傳真	(852) 2793 5030
網址	www.enrichculture.com
電郵	info@enrichculture.com
出版日期	2023年6月初版

定價	港幣 $168　新台幣 $840
國際書號	978-988-8853-02-1
圖書分類	(1) 飲食文化　(2) 生活百科

作者及出版社已盡力確保所刊載的資料正確無誤，惟資料只供參考用途。